Yummy !
Yummy !
Yummy !
Yummy !
Yummy !
Yummy !
Yummy !
Yummy !

Yummy !

一個人好好吃

每一天都能盡情享受！的料理

蓋雅 *Magus* ◎著

朱雀文化

序

一個人也能快活吃

趨勢專家大前研一曾發表「一個人的經濟崛起」的文章，先不論在其他方面造成的影響，單從和我們有關的生活面，例如：消費、飲食等生活模式早已經悄悄改變。以飲食來說，就是一個人吃飯的機會愈來愈多了。

在許多人的印象裡，一個人吃飯總是給人「菜色不豐富、營養不均衡」、「吃泡麵解決一餐」、「不開火只買市售食品」、「吃冷冰冰的食物」等印象。其實只要準備基本的烹調器具、願意花些許時間做菜，一個人也可以吃得豐富、選擇性多。

在這本食譜中，我特別分成了 4 個主題：健康吃、簡單吃、好好吃和享受吃，設計出數十道中、西、日、韓和東南亞等國料理。「健康吃」是以蒸煮、涼拌、烘烤的方式烹調出清淡、均衡、少油煙的菜，讓你享受輕食料理之際，身體更無負擔。「簡單吃」則是針對忙碌的人設計，只要少少的食材＋短短的時間，善用平底鍋、湯鍋、小烤箱，就能完成你以為很難的料理。「好好吃」是讓每個人在下班後更能好好的犒賞自己的胃，所以準備了份量足夠的主食，更不乏可以招待偶爾來訪朋友的美食。「享受吃」則建議在每一天，你都可以好好享受一頓豐富的美食，中式和各國料理任你選擇。把每一天都當成特別的美食日，讓一個人的餐桌更豐盛。

另外，還有包含萬用的 5 款沙拉醬汁、拌麵拌飯拌菜都 OK 的醬汁、時尚鑄鐵鍋美食、看電視時的最佳點心零食、招待來訪朋友的小點心、四季蔬果汁、超簡單的涼涼點心、夏天消暑的冷麵醬汁等主題料理，讓你跟著這本書，輕鬆實踐一個人好好吃的生活。

所以，誰說一個人不能在家享受美食吃香喝辣？只能吃超市的半熟食品？準備一個人份量的食材超麻煩？只能吃炒青菜、泡麵和水餃呢？嘗試書裡的每一道食譜，你可以健康吃、簡單吃、好好吃和享受吃，愛怎麼吃就怎麼吃，一個人更要好好吃、快活吃！

蓋雅 *Magus*

開始製作料理前的注意事項

1. 準備量匙和量杯，通常量匙一組 3 ～ 5 支，先瞭解計量單位。

單位	容量
1 大匙	15c.c. = 15 克
1 小匙	5c.c. = 5 克
1 杯	200 c.c.

2. 因購買的習慣不同，所以列出本書食譜材料中蔬果大約的重量，可斟酌購買。而一般料理不像西點麵包材料量需很精確，建議讀者抓個大概即可。

食材名稱	單個重量（約略）	食材名稱	單個重量（約略）
馬鈴薯	250 克	胡蘿蔔	250 克
高麗菜、紫高麗菜	500 克	山藥	600 克
蘿蔓生菜	200 克	日本牛蒡	200 克
大白菜	500 克	南瓜	1,000 克
美生菜	500 克	鳳梨	600 克
綠花椰菜	600 克	西洋芹	50 克
牛蕃茄	150 克	茄子	150 克
彩椒（甜椒）	100 克	菠菜	60 克（1 把）
洋蔥	200 克	黃豆芽	60 克（1 杯）
白蘿蔔	400 克	綜合什菇	50 克（1 杯）
白米	200 克（1 杯） 若使用電鍋，則以自家電鍋所附的杯子為準。		

3. 太白粉水的調製：若需 1 小匙的太白粉水，約水 2：太白粉 1 的比例即可。例如：需 1 大匙的太白粉水時，約 2 小匙的冷開水調 1 小匙的太白粉即可。但實際狀況需視每道料理增減。

4. 簡易高湯的調製：高湯的製作除可參照 p.62 和 p.68，也可用 1 小匙雞粉對 200c.c. 的水來調。

5. 本書每道食譜的照片為求美觀，會增加裝飾，讀者自己製作時可不加。

目錄 Contents

PART 1　一個人健康吃

PART 2　一個人簡單吃

PART 3 一個人好好吃

PART 4 一個人享受吃

Today's Menu

一個人健康吃

以蒸煮、涼拌、生食、烘烤的方式，烹調西式、東南亞和中式料理。蔬菜卷、燉白菜、地中海炒蔬菜、東南亞燉蔬菜、西西里蔬菜湯、五味蝦仁、塔香豆乾等，清淡、營養均衡、少油煙，讓你享受一個人的輕食料理之際，身體更無負擔。

時蔬捲餅

Tips

1. 因為餅要捲，建議選擇質地較軟的整片生菜葉為佳，也可使用大陸妹。
2. 牛蕃茄形狀大，切成片容易包捲，很適合用在捲餅。
3. 因為餅皮裡面有塗上美乃滋，建議立刻做完即刻食用完畢，否則食材會變得黏糊糊且不新鮮。

材料：

市售潤餅皮或蛋餅皮 2 張、美生菜葉 4 大片、牛蕃茄 1 個、玉米粒 2 大匙、蔓越莓果乾 1 大匙

調味料：

市售美乃滋 2 大匙

做法：

1. 如果買的是潤餅皮可以直接使用，如果是蛋餅皮的話要先煎過。
2. 牛蕃茄橫切成 4 ～ 6 片。
3. 在餅皮上先均勻塗抹美乃滋，再依序排放美生菜葉、牛蕃茄、玉米粒和蔓越莓果乾。
4. 將餅皮整個包捲起來成一圓柱，以牙籤固定後再對切成兩份。另一餅皮則以相同方法製作即可。

燉白菜

Yummy !

材料：

大白菜 1/2 個（約 250 克）、新鮮香菇 2 朵、胡蘿蔔 1/4 根、新鮮黑木耳 1 片（約半手掌大）、蝦米 1 大匙

調味料：

醬油 1 小匙、香油 1 小匙、鹽少許、白胡椒粉少許

做法：

1. 白菜切塊後洗淨；香菇切片；胡蘿蔔和木耳切粗條；蝦米以水泡至軟。
2. 將所有食材和調味料放入電鍋的內鍋，移進電鍋中，外鍋倒入 1½ 杯的水，蓋上鍋蓋蒸 20 ～ 30 分鐘。
3. 可以打開鍋蓋，如果大白菜梗熟軟即可盛盤。

1. 這是一道超方便的懶人菜，還可依自己的喜好加入像木耳、扁魚乾、干貝、豆皮、筍片等其他食材。
2. 在調味料部分，如果以牛奶、奶油代替醬油、香油烹煮，立刻變成西式風味的料理，輕易變化出兩種吃法。

Today's Menu

地中海炒蔬菜

材料：

洋蔥 1/2 個、西洋芹 2 根、黃甜椒 1/2 個、蕃茄 1 個、茄子 1 條、酸豆 1 小匙、綠橄欖 6 顆、橄欖油 4 大匙

調味料：

義大利巴薩米克醋 1 大匙、細砂糖 1 小匙、鹽 1/4 小匙、黑胡椒少許

做法：

1. 洋蔥、西洋芹、黃甜椒切成塊狀；蕃茄放入滾水中汆燙，撈出剝去外皮，去籽後切成塊。
2. 茄子切成 2 ～ 3 公分的段，放入鹽水中泡；綠橄欖、酸豆都切碎。
3. 鍋燒熱，倒入 3 大匙的橄欖油，放入茄子炒軟後取出瀝去多餘油分，再倒入剩餘的橄欖油，先放入洋蔥、西洋芹炒香，炒軟後加入蕃茄、甜椒炒至軟。
4. 加入綠橄欖、酸豆、調味料和茄子拌炒一下即成。

Tips

1. 義大利巴薩米克醋可以用中式烏醋或白醋替代，但風味必然有所差別，義大利巴薩米克醋是經過橡木桶釀製而成的高級健康醋，也是唯一有年份的陳年葡萄酒醋。
2. 這道料理因為選用的食材都是來自地中海的常用蔬果，再以義大利特有的陳年葡萄酒醋、橄欖和酸豆來調味，是一道正港的地中海健康料理。
3. 橄欖和酸豆都是生長於地中海沿岸的植物，橄欖是果實，酸豆是花蕾，醃漬過的橄欖可直接當小點心吃，兩者也常用來調沙拉醬汁或沾醬。

東南亞燉蔬菜

材料：

洋蔥 1 個、蕃茄 2 個、茄子 1 條、蝦子 6 尾、薑末 1 小匙、蒜末 1 大匙、鯷魚 2 條、秋葵 10 個、白酒 2 大匙

調味料：

鹽少許、黑胡椒少許

做法：

1. 洋蔥、蕃茄都切成塊狀；茄子泡鹽水，切成約 2 公分的斜片；蝦子挑去腸泥。
2. 鍋燒熱，倒入少許橄欖油，先放入薑末、蒜末爆香，續入洋蔥炒軟，再放入蕃茄拌炒。
3. 加入鯷魚和白酒，燉煮至醬汁變得較濃稠，再放入秋葵、茄子、蝦子燜煮至食材軟熟。
4. 加入調味料即成。

Tips

1. 如果買不到鯷魚，也可加入其他魚罐頭試試！如沙丁魚或其他醃漬、風乾的魚肉。
2. 茄子泡鹽水除了可避免茄子變黑，吸收水分後也能縮短茄子的料理時間。
3. 因菲律賓受過西班牙殖民，因此料理上也融入了地中海風格，這道料理最大的特色就是將大海的鮮味融合蔬菜的甜味，在菲律賓吃得到，很有東南亞風味。

Today's Menu

田園蔬菜沙拉

材料：

美生菜 4～6 大片、紫高麗菜 1/8 顆、牛蕃茄 1 個、黃甜椒 1/4 個、小豆苗 1 小把

基本油醋醬：

橄欖油 2 大匙、白酒醋 1 大匙、鹽少許、黑胡椒少許、細砂糖少許

做法：

1. 將所有的蔬菜洗淨，再以冷開水沖過。
2. 美生菜以手撕成半個手掌大小，較易入口；紫高麗菜切成絲；牛蕃茄先對切一半再切成片；甜椒切成絲。
3. 將所有材料擺在盤子裡。
4. 將基本油醋醬的材料拌勻，或者倒入小玻璃罐中搖晃至乳化，然後淋在蔬菜上即可食用。

Yummy !

Tips

1.「乳化」是指油和水融和在一起呈乳液狀，這樣才不會因無法融合而分別嘗到油和醋的味道。

2. 白酒醋除了可用未成熟的葡萄釀製，也可用其他果實來製作，由於未經長時間釀製，酸度較高。白酒醋除了用來調製沙拉醬汁或沾醬外，也適合用在蔬菜、菇類與海鮮的料理。

Today's Menu

凱薩雞肉沙拉

Tips

生食的蔬菜如果沒有立刻吃，可先泡冰開水冰鎮，這樣生菜的口感會更好！

材料：

蘿蔓生菜 1/2 個、吐司麵包 1 片、雞胸肉 1/2 副

醃肉料：

鹽、米酒、太白粉各少許

醬汁：

市售凱薩醬或簡易凱薩醬（參照 p.25）適量

做法：

1. 蘿蔓生菜洗淨，切成 5～6 公分的長段，瀝乾水分。
2. 吐司麵包切成約 1.5 公分的粗丁， 放入烤箱烤至金黃酥脆。
3. 雞胸肉切成長條，以醃肉料先稍微醃過，再直接放入烤箱烤或用平底鍋煎熟。
4. 取 2 大匙的凱薩醬和生菜、雞肉拌勻，放入盤中，再撒上麵包丁即成。

Today's Menu

溫拌蔬菜沙拉

材料：

馬鈴薯 1 大顆或 2 小顆、胡蘿蔔 1/2 根、綠花椰菜 1/2 大朵、玉米筍 5 支

醬汁：

美乃滋 3 大匙、美式芥末醬 1 大匙、白醋或檸檬汁 1 小匙

做法：

1. 馬鈴薯、胡蘿蔔削除外皮後切成 2 ～ 3 公分的塊狀；綠花椰菜削去莖底部較粗硬的外皮後切成小朵；玉米筍對切一半。
2. 馬鈴薯、胡蘿蔔放入滾水中煮熟至稍軟，再分別將綠花椰菜、玉米筍燙熟。
3. 將醬汁的材料拌勻，拌入溫熱的蔬菜即成。

Tips

1. 一般市售的美乃滋醬都過於甜膩，可加入些許白醋或檸檬汁去甜解膩！
2. 美式芥末醬是用白色芥菜籽製成，味道溫和，適合搭配熱狗、漢堡等肉類製品；而法式芥末醬分為第戎芥末醬、有籽芥末醬、波爾多芥末醬、佛羅里達芥末醬，是用褐色芥菜籽製成，顏色較深、味道較重，適合搭配肉類或口味較重的料理。

Tips

1. 這道泰式涼拌原本食材中還有絞肉和蝦仁，可在做法 3. 的時候加入一起煮。另外，最後還可拌入炸過的蝦米和泰式香料（如薄荷葉、檸檬香茅等），味道也很棒，更加道地。

2. 魚露是南洋料理中最常用的調味料，味道鹹。一般來說，都運用在海鮮、沙拉或是蔬菜料理上，烹煮時只要加入一點點即可，可讓料理多一份海鮮的鮮味。

Today's Menu

泰式涼拌粉絲

Yummy !

材料：

（A）杏鮑菇 1 大根或 2 小根、新鮮黑木耳 1 朵（約手掌大）、乾白木耳 1 小把、乾粉絲 1 把

（B）洋蔥 1/4 個、牛蕃茄 1/2 個、碎腰果或花生 2 大匙

調味料：

魚露 2 大匙、檸檬汁 2 大匙、細砂糖 1 小匙、蒜末 1 小匙、辣椒粉 1 小匙、水 6 大匙

做法：

1. 杏鮑菇切成塊狀；黑木耳切片；白木耳以水泡至軟；乾粉絲以水泡至軟再切成段；洋蔥切絲，牛蕃茄切瓣狀。
2. 將材料（A）放入滾水中煮熟，然後取出。
3. 將調味料的材料倒入小鍋中加熱，煮至醬汁略收即可。
4. 將所有食材和醬汁拌勻即成。

塔香豆乾

Yummy !

材料：
滷豆乾 150 克

調味料：
九層塔末 1 大匙、香油 1 大匙、醬油 2 大匙、細砂糖 1 小匙、辣椒末 1 小匙

做法：
1. 豆乾放入滾水中汆燙，撈出放涼後切絲。
2. 鍋燒熱，倒入 1 大匙的香油，先拌入切碎的九層塔末，再倒入其他調味料的材料拌勻。
3. 加入豆乾絲稍微拌一下即成。

Tips
除了滷豆乾以外，還能換成海鮮或菇類等食材，就變成「塔香花枝」、「塔香什菇」等料理，都是不錯的選擇！

Tips

蝦仁需先用米酒、鹽稍微醃過，是因為米酒可去除腥味，鹽則讓蝦仁的肉質口感較緊實且爽脆。

Today's Menu

五味蝦仁

材料：

蝦仁 12 尾

醃蝦料：

米酒少許、鹽少許

調味料：

蔥末 1 小匙、薑末 1/2 小匙、蒜末 1 小匙、烏醋 1 小匙、細砂糖 2 小匙、香油 1½ 小匙、醬油膏 1 大匙、辣椒醬 2 小匙、蕃茄醬 1 大匙

做法：

1. 蝦仁以醃蝦料稍微醃一下，放入滾水中汆燙，等蝦仁變白立刻撈出，浸入冰開水中，等蝦仁涼了瀝乾水分。
2. 將調味料的材料拌勻。
3. 取適量的調味料和蝦仁拌勻即成。

Tips

淡醬油還可細分為淡色醬油和淡味醬油，淡色醬油不像一般醬油加了較多糖色，所以顏色較淡，適合涼拌和炒的料理，或希望食材不要上色太黑時使用。而淡味醬油除了色澤也較淡，鹹味也較淡，適合烹調口味清爽的料理。

Today's Menu

芝麻牛蒡絲

材料：

牛蒡 1 根、生白芝麻 2 大匙

調味料：

淡醬油 1 大匙、香油 1 大匙、白醋 1/2 大匙、烏醋 1 小匙、細砂糖 1 小匙

做法：

1. 牛蒡洗淨，削除外皮後切細絲，放入加了醋的冷醋水中泡一下，可防止變黑。
2. 生白芝麻放入鍋中，乾炒至呈金黃色。
3. 牛蒡絲放入滾水中汆燙，撈出浸入冰開水中，瀝乾水分。
4. 將所有調味料的材料拌入牛蒡絲，待入味後再撒入白芝麻即成。

香辣蘿蔔絲

材料：

白蘿蔔 1/2 個（約 200 克）、鹽少許

調味料：

辣椒末 1/2 大匙、蒜末 1 大匙、白醋 3 大匙、細砂糖 2 大匙、鹽少許、韓式辣醬 1/2 大匙

做法：

1. 白蘿蔔削除外皮後刨成細絲，加入少許鹽，稍微抓搓以去掉多餘的水分。
2. 將調味料的材料拌勻。
3. 將白蘿蔔絲和調味料拌勻即成。

Tips

1. 沒有韓式辣醬可省略不用，可視個人口味增減辣椒的量。
2. 韓式辣醬吃起來的味道辣辣甜甜的，它的辣度來自辣椒粉，因此不像中式辣椒醬多以生辣椒製作來的刺激。而它特殊綿稠的口感則來自味增，甜度則是來自糖和蘋果泥。

Today's Menu

西西里蔬菜湯

材料：

洋蔥 1/2 個、胡蘿蔔 1/3 根、綠花椰菜 1/2 大朵、高麗菜 1/4 顆、橄欖油 2 大匙、蒜仁 4 粒、牛蕃茄 2 顆、迷迭香 1/2 小匙、百里香 1/4 小匙、巴西里末 1 小匙、市售蕃茄汁 250c.c.、水 250c.c.

調味料：

鹽適量、黑胡椒適量

做法：

1. 洋蔥、胡蘿蔔、綠花椰菜、高麗菜都切成塊狀；牛蕃茄放入滾水中汆燙，撈出剝去外皮，去籽後切成塊。
2. 取一較深的湯鍋燒熱，倒入些許橄欖油，先放入蒜仁炒香，續入洋蔥炒軟。
3. 接著放入胡蘿蔔、綠花椰菜、高麗菜、牛蕃茄和迷迭香、百里香、巴西里末等香料炒香。
4. 加入蕃茄汁和水煮，煮滾後再以小火燉煮半小時以上，當所有蔬菜都變得軟爛，最後加入鹽、黑胡椒調味即成。

Tips

食材中的蔬菜可選擇自己喜愛或當季的食材，香料則依喜好或取得方便可做調整。基本上這是一道很隨性的料理，也可加入米、短型義大利麵，或者豆子、肉塊和香腸一起燉煮，就變成很豐富的主食囉！

Tips
1. 先將南瓜和馬鈴薯都切成小丁，可縮短烹煮成泥狀的時間。
2. 每個人喜愛的奶味濃淡不同，可調整水和牛奶的比例。而利用南瓜和馬鈴薯本身的澱粉自然形成濃稠的口感，可省去加入麵粉或奶油麵糊。

Today's Menu

南瓜濃湯

材料：

南瓜 1/5 個、**馬鈴薯** 1/2 個、**水** 200c.c.、**牛奶** 200c.c.

調味料：

鹽適量

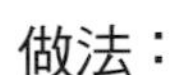

做法：

1. 南瓜和馬鈴薯削除外皮後切成小丁。
2. 將南瓜、馬鈴薯和水倒入鍋中，煮至軟，煮的過程中如果湯汁不夠，可添加些牛奶。
3. 當南瓜和馬鈴薯都煮成泥狀，倒入剩餘的牛奶煮滾，最後再加入鹽調味即成。

泰式魚露醬汁
塔香酸辣醬汁
塔塔醬
義大利烏醋香草醬汁
簡易凱薩醬

5 款醬汁
讓沙拉更好吃！

塔香酸辣醬汁

材料：

九層塔末 1 大匙、辣椒末 1 小匙、橄欖油 2 大匙、檸檬汁 1 大匙、鹽 1/4 小匙、細砂糖 1 小匙

做法：

將所有材料拌勻，可搭配海鮮、雞肉和菇類食材。

塔塔醬

材料：

酸黃瓜末 1 大匙、酸豆末 1 小匙、美乃滋 5 大匙、白酒醋 1 小匙

調味料：

鹽少許、胡椒少許

做法：

將所有材料拌勻並調味，可搭配海鮮、雞肉和油炸食材。

簡易凱薩醬

材料：

大蒜 1/2 瓣、酸豆末 1/4 小匙、芥末籽醬 1/2 小匙、美乃滋 5 大匙、檸檬汁 1 小匙

做法：

將蒜末、酸豆末、芥末籽醬（法式）和美乃滋拌勻，加入檸檬汁調味，可搭配凱薩沙拉、根莖類或較粗的蔬菜。

泰式魚露醬汁

材料：

醬油 1 大匙、魚露 1 大匙、沙拉油 2 大匙、檸檬汁 1 大匙、細砂糖 1 小匙、紅辣椒末 1 大匙、洋蔥末 1 大匙、香菜末 1 大匙

做法：

將所有材料拌勻，可搭配青木瓜沙拉以及泰式海鮮沙拉。

義大利巴薩米克醋香草醬汁

材料：

特級橄欖油 3 大匙、新鮮香草適量、蒜末 1 小匙、義大利巴薩米克醋 1 大匙（Balsamic）

調味料：

鹽適量、黑胡椒適量

做法：

1. 橄欖油加熱，放入洗淨擦乾的香草泡一下。
2. 撈出香草，將蒜末放入橄欖油中混合，以湯匙背將蒜末壓碎，加入巴薩米克醋、黑胡椒和鹽拌勻，可搭配一般生菜沙拉、菇類、肉類食材，是很基本的醬汁。

任何人都能成功，超簡單的涼涼點心！

這是專門為了家中沒有大型烤箱（能調整上下火的）、不喜歡花費太多時間，或者喜歡吃冷冷涼涼且低卡點心的人準備的。只要家中有冰箱、購買少少的食材、利用簡短的時間就能完成，沒有失敗的風險。可以飯後食用，也能招待朋友，更是炎熱夏天的超美味點心。

芒果果凍

材料：

小芒果 1 **個、細砂糖** 5 **大匙、吉利** T1½ **大匙、芒果汁** 400c.c.、**水** 360c.c.

做法：

1. 芒果剝除外皮，果肉切成小丁。
2. 將細砂糖、吉利 T 倒入小鍋中拌勻，倒入水拌勻，以小火邊加熱邊攪拌至煮滾，離火。
3. 倒入芒果汁拌勻成果凍液。將果凍液倒入容器中，加入芒果丁，放入冰箱冰至凝固即成。

百香果綿綿冰

材料：

冰塊 240 **克、百香果濃縮果汁** 120c.c.

做法：

1. 冰塊稍微弄碎、弄小塊。
2. 將碎冰塊、百香果濃縮果汁倒入果汁機中攪打約 2 分鐘，使成綿綿狀即成。

咖啡奶酪

材料：

牛奶 125 c.c.、**鮮奶油** 50 c.c.、**細砂糖** 1 **小匙**、**濃縮咖啡** 50 c.c.、**吉利丁片** 3 **片**

其他：

奶泡適量、肉桂粉少許

做法：

1. 吉利丁片放入冰水中泡軟；準備約 150c.c. 的杯子 2 個。
2. 將牛奶、咖啡和細砂糖倒入鍋中煮至細砂糖溶化，加入吉利丁片。
3. 拌入鮮奶油，混合成奶酪液。將奶酪液倒入杯中至八滿，放入冰箱冰硬。
4. 取出冰硬的奶酪，可在上面加入打好的奶泡，撒上些許肉桂粉即成。

雞蛋布丁

材料：

全蛋液 2 **個份量**、**鮮奶** 250c.c.、**細砂糖** 4 **小匙**、**香草粉適量**、**熱水適量**

做法：

1. 將全蛋液倒入容器中，加入鮮奶、細砂糖拌勻成布丁液。
2. 取不要太高的杯子，以濾網將過濾的布丁液倒入杯中。
3. 小烤箱（不能調溫度那種）先預熱 1 ～ 2 分鐘，將杯子放在烤盤上，倒入些許水，但水不要超過烤盤高度。
4. 轉開關隔水加熱烤約 10 分鐘，再續燜約 5 分鐘。打開烤箱門，布丁杯蓋上一層錫箔紙，再次轉開關，烤盤倒入些許水，再次隔水加熱烤約 10 分鐘，續燜約 5 分鐘。等布丁涼了可放入冰箱冰再食用。

Today's Menu

一個人簡單吃

針對忙碌的人設計，只要少少的食材＋短短的時間，善用平底鍋、湯鍋、小烤箱，就能完成你以為很難的料理，有可以當作早餐的西班牙蔬菜蛋餅、肉丸燒餅三明治、法國吐司、吐司披薩；中餐和晚餐的好菜宮保小卷、蒜泥白肉、馬鈴薯魚餅等等，簡單吃又能吃得美味。

豆腐肉漢堡

材料：

豬絞肉 100 克、傳統豆腐 50 克、洋蔥 1/4 個、雞蛋 1 個、生菜適量、紫高麗菜適量、牛蕃茄 1 個、酸黃瓜適量、麵粉 1 大匙、漢堡麵包 2 個、優格美乃滋適量

醃肉料：

米酒 1 小匙

調味料：

鹽 ½ 小匙、白胡椒適量

做法：

1. 豬絞肉拌入米酒稍微醃一下；豆腐以手捏碎；洋蔥切末；雞蛋打散。
2. 生菜和紫高麗菜都切細絲；牛蕃茄和酸黃瓜都切片。
3. 將豬絞肉、豆腐、洋蔥、蛋液和麵粉、調味料拌勻成肉餡。
4. 在手上塗抹些沙拉油，將肉餡分成兩等分，整型成圓餅狀。
5. 平底鍋加熱，倒入少許沙拉，放入肉餅以中小火將兩面煎熟。
6. 麵包切開稍微烤過，上下片都塗抹優格美乃滋，依序鋪上生菜絲、肉餅（擠些許美乃滋）、紫高麗菜絲、蕃茄和酸黃瓜，蓋上另一片麵包即成。

Tips

1. 優格美乃滋的做法是取 2 大匙的市售無糖原味優格，加入 2 大匙的美乃滋混合拌勻而成。
2. 肉先用米酒來醃，可去除肉的腥味，而且又可增加肉質的含水量。

Today's Menu

肉丸燒餅三明治

材料：

豬絞肉 200 克、水 2 大匙、雞蛋 1 個、麵粉 1 大匙、燒餅 1 個、洋蔥絲適量、生菜適量、市售千島沙拉醬適量

醃肉料：
米酒 1 大匙

調味料：
鹽 1/2 小匙、白胡椒粉少許

做法：

1. 雞蛋打散；洋蔥切絲；豬絞肉拌入米酒稍微醃一下。
2. 製作肉丸：以手將豬絞肉放在盆中反覆摔打，過程中分次加入水，摔打至肉餡已產生黏性，再加入蛋液、麵粉和調味料拌勻成肉餡。
3. 將肉餡分成 10 等分，搓成丸子狀。
4. 炸鍋中倒入沙拉油（高度至少要超過肉丸），加熱至適當的油溫，分兩次放入肉丸，以中火炸至呈金黃色，即成丸子。
5. 燒餅稍微烤過，內側先塗抹千島沙拉醬，再放入生菜、肉丸、洋蔥絲，再次擠入沙拉醬即成。

Tips

這裡關於油溫的判斷，中油溫（120~150℃），是指將一塊粉漿沈入油鍋底部會馬上浮起。適合油炸少量食材，或者食材沾裹易焦的粉漿、麵包粉時。而高油溫（160℃以上），是指一塊粉漿尚未沈入油鍋底部就浮起來了，適合油炸食材量多或者沾裹乾粉油炸的食材。

烤蔬菜三明治

材料：

材料：

小黃瓜 1 條、甜椒 1 個、南瓜 8 片、洋蔥 1/2 個、洋香菜末 1 小匙、九層塔末 1 小匙、厚片吐司 2 片

調味料：

橄欖油 1 大匙、鹽少許、黑胡椒少許

醬料：

油漬去核黑橄欖 100 克、蒜仁 2 瓣、酸豆 1 大匙、鯷魚 2 條、吐司 2 片、橄欖油 4 大匙

做法：

1. 小黃瓜、甜椒、南瓜都切成長片；洋蔥切成條。
2. 烤盤先墊上錫箔紙，將洋蔥舖在底部，再依序排上小黃瓜、甜椒和南瓜，排放時撒上適量的洋香菜末、九層塔末和調味料，最後淋上橄欖油，烤 20～30 分鐘。
3. 製作醬料：吐司泡於冷開水中，泡軟後以手將水份擠乾，然後將橄欖、蒜仁、酸豆、鯷魚和吐司放入食物處理機或果汁機中打勻，最後將橄欖油分次加入拌勻即成（可密封好放入冰箱保存）。
4. 吐司烤過，單面塗上醬料，再加入烤蔬菜即成。

Tips

這裡蔬菜可用 200℃來烤，如果家中只有小烤箱，擔心食材距離加熱管太近易烤焦，可先在蔬菜上蓋上錫箔紙，等蔬菜稍軟後再烤至表面微焦即可。

Tips

當果醬冷卻後會更濃稠，所以不需煮至正常果醬的濃稠度。煮好的果醬可隔水降溫，再倒入事先以開水消毒過的玻璃瓶中，蓋上瓶蓋，冷卻後再放入冰箱冷藏保存。約可保存 2 ～ 4 個星期。

法國吐司佐李子果醬

材料：

（法式吐司）

動物性鮮奶油 100 克、牛奶 50c.c.、雞蛋 1 個、細砂糖 1 小匙、吐司麵包 2 片

（李子果醬）

加州李子 300 克、水 50c.c. 檸檬汁 1/2 個份量、麥芽糖 75 克、細砂糖 5 大匙

做法：

1. 製作法式吐司：將動物性鮮奶油、牛奶、雞蛋和細砂糖倒入容器中拌勻，放入吐司泡著，使吐司吸飽牛奶蛋液。
2. 平底鍋燒熱，倒入少許油，放入吐司，以中小火慢慢煎至兩面都微微焦黃即成。
3. 製作李子果醬：李子洗淨，去除果核後切成小丁，
4. 加水和檸檬汁煮滾。
5. 加入麥芽糖，以小火煮至麥芽糖融化。
6. 再加入細砂糖，煮至呈濃稠狀即成。

Today's Menu

南瓜焗豆腐

材料：
去皮南瓜 1/10 個（約 100 克）、牛奶 50c.c.、雞蛋豆腐 1 塊、起司絲適量

調味料：
鹽適量、白胡椒粉適量

做法：
1. 雞蛋豆腐先放入熱水中泡以加溫，可縮短料理時間。
2. 南瓜放入水中煮軟，取出和牛奶倒入果汁機打成泥，再倒入小鍋中加熱，以少許鹽、白胡椒粉調味。
3. 將豆腐放入陶瓷烤盅，淋上南瓜泥，撒上起司絲，移入烤箱，以上下火 200 ～ 220℃，烤至起司絲融化焦黃即成。

Tips
如果是用小烤箱烤，可以透過玻璃窗門觀察，一旦表面烤至呈金黃色即可。

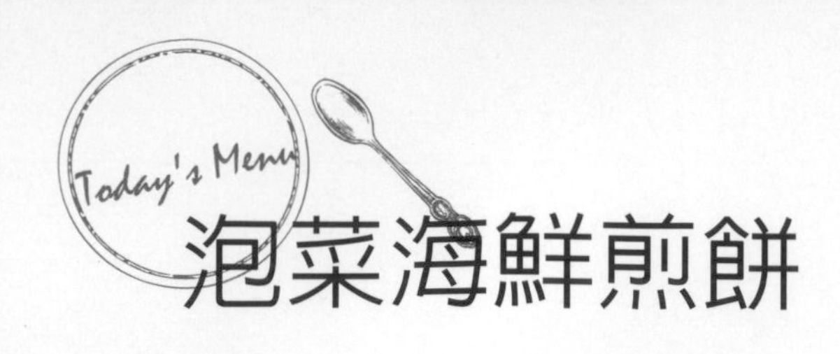

泡菜海鮮煎餅

材料：

（A）低筋麵粉 100 克、在來米粉 30 克、雞蛋 1 個、水 150c.c.、鹽 1/4 小匙

（B）蝦仁 10 尾、花枝 100 克、洋蔥 1/6 個、小黃瓜 1/3 根、泡菜 100 克、韭菜 100 克

沾醬：

韓式辣醬 1 大匙、味醂 1 大匙、白芝麻 1 大匙

做法：

1. 洋蔥、小黃瓜和泡菜都切成絲；花枝切成塊狀；韭菜切成段。
2. 將低筋麵粉、在來米粉、雞蛋、水和鹽拌勻成麵糊。
3. 將蝦仁、花枝、洋蔥、小黃瓜、泡菜和韭菜加入麵糊，拌勻成海鮮煎餅麵糊。
4. 平底鍋加熱，倒入少許油，再倒入麵糊，以中小火煎至兩面微微焦黃。
5. 將沾醬的材料拌勻，食用泡菜海鮮煎餅時沾取沾醬最對味。

Tips

如果沒有在來米粉，可以全部麵粉用來製作，不過吃起來稍微少了點爽脆的口感。

Today's Menu

西班牙蔬菜蛋餅

材料：
馬鈴薯2顆、黃紅甜椒、青椒約各1/2個、洋蔥1/4個、雞蛋3個、黑橄欖適量

調味料：
鹽少許、黑胡椒少許

做法：

1. 馬鈴薯削除外皮後切成約0.5公分的片狀，泡於水中去除多餘的澱粉。
2. 甜椒、青椒都切成塊狀；洋蔥切小丁；雞蛋打散；黑橄欖切片。
3. 平底鍋燒熱，倒入少許油，先放入洋蔥炒香，續入馬鈴薯拌炒，以小火炒至稍軟，再拌入甜椒、青椒繼續炒。
4. 將炒軟的蔬菜料、蛋液和調味料混合，即成蔬菜蛋餅餡料。
5. 另取一直徑約20公分寬的小平底鍋，燒熱後倒入少許油，倒入蔬菜蛋餅餡料，先煎至一面呈金黃色，再翻面將另一面也煎至呈金黃，最後擺上黑橄欖片即成。

Tips

1. 這道料理中馬鈴薯和蛋是基本材料，其他食材可更換成蘆筍、瓜類、菇類或火腿、培根、海鮮都可以。
2. 這道煎餅以中小火煎才不會表面焦而內部未熟，你也可試試放入烤箱製作，但口感會較乾。

瑪格麗特吐司披薩

材料：

吐司麵包 2 片、牛蕃茄 2 個、九層塔葉 1 小把、市售美乃滋 2 大匙、起司絲適量

調味料：

鹽少許、黑胡椒少許

做法：

1. 牛蕃茄橫切成薄片；九層塔洗淨後擦乾。
2. 在吐司上面薄薄地塗抹一層美乃滋。
3. 依序排上蕃茄、九層塔葉，再均勻地撒上少許鹽和黑胡椒。
4. 鋪上起司絲，放入小烤箱烤至起司融化、焦黃即成。

Tips

1. 這裡的吐司可以選擇厚片吐司，可當作是厚皮或薄皮披薩來使用吧！
2. 如果用大烤箱烤，溫度大概是 200℃。

蔥油餅餃

材料：

粉絲1小把、菠菜1小把、豆乾4片、新鮮香菇4朵、市售冷凍蔥油餅2張

調味料：

鹽少許、香油少許

做法：

1. 粉絲泡水至軟化。
2. 將菠菜、粉絲、豆乾和香菇都分別放入滾水中汆燙，取出後瀝乾水分，切成細丁。
3. 加入調味料拌勻，即成內餡。
4. 市售冷凍蔥油餅退冰後再稍微擀薄，放上內餡，在餅皮的圓形邊緣抹上麵粉水，然後對折成半月形，固定好。
5. 平底鍋燒熱，倒入少許油，放入蔥油餅餃煎至兩面都呈金黃即成。

Tips

1. 內餡部分可選用個人喜歡的食材，或是冰箱中的剩菜都很適合。
2. 為什麼餅皮周邊要沾麵粉水，這是因為周邊沾麵粉水或蛋汁，才可幫助餅皮黏合在一起，防止烹調過程中破掉。

Yummy !

馬鈴薯魚餅

材料：

馬鈴薯 1/2 個、鮪魚 100 克、奶油 1 小匙、麵粉 1 小匙、巴西里末 1 大匙、塔塔醬適量

調味料：

鹽適量、黑胡椒適量

做法：

1. 鮪魚弄碎。
2. 馬鈴薯削除外皮後切丁，放入滾水中煮軟，取出以湯匙背面壓成泥狀，並趁熱加入奶油拌勻。
3. 將馬鈴薯泥、碎鮪魚和麵粉、巴西里末拌勻，加入鹽、黑胡椒調味。
4. 將調味完成的馬鈴薯泥分成 2 等分，壓成圓餅狀。平底鍋燒熱，倒入少許油，放入馬鈴薯餅煎至兩面都呈金黃色。
5. 食用時，可搭配適量的塔塔醬更美味。

Tips

1. 塔塔醬的做法可參照 p.25。
2. 這裡的鮪魚可用水煮或油漬鮪魚罐頭，但使用前都必須先濾去油水汁液。

Today's Menu

京醬肉絲

材料：

豬肉絲 100 克、小黃瓜 1/2 根

醃肉料：

太白粉、水、米酒各少許

調味料：

甜麵醬 2 大匙、蕃茄醬 1/2 大匙、細砂糖 1/2 大匙、香油 1/2 小匙、太白粉水 1 小匙

做法：

1. 豬肉絲以醃肉料稍微醃一下；小黃瓜洗淨後切絲。
2. 鍋燒熱，倒入少許油，放入豬肉絲炒熟，再倒入調味料，煮滾至濃稠。
3. 將小黃瓜絲（或蔥絲、胡蘿蔔絲）鋪在盤上，再放上肉絲即成。

Tips

1. 小黃瓜也可以用青蔥、胡蘿蔔、甜椒、高麗菜等蔬菜切絲，或者一塊混合來代替。
2. 材料的份量約一人一餐份， 也可一次製作兩份，另一份隔餐再拌入蔬菜絲一起炒，又成了另一道料理。
3. 調 1 小匙的太白粉水時，約水 2：太白粉 1 的比例即可。

Tips

自製大鍋滷牛腱：

1. 將 1,800 克的牛腱心放入滾水汆燙，撈出洗淨。
2. 以紗布包好的滷香包（丁香 5 分，其餘山奈、白豆蔻、陳皮、桂皮、大茴香、小茴香、甘草、花椒各 1 錢）放入鍋中，加水蓋過材料，放入 2 支辣椒、6 片薑片和調味料（醬油 600c.c.、冰糖 4 大匙）煮滾，放入牛腱心，再次煮滾，轉中小火滷約 1 個半小時。
3. 熄火，泡一夜使肉入味，取出切片。

Today's Menu

牛肉捲餅

材料：

冷凍蔥油餅皮 1 張、滷牛腱 100 克、青蔥 1 支、小黃瓜 1/2 根

調味料：

甜麵醬 1 大匙

做法：

1. 滷牛腱切成片；青蔥切成段；小黃瓜切成條。
2. 平底鍋倒入少許油，放入蔥油餅，以小火煎至兩面都呈金黃色且酥脆。
3. 將甜麵醬塗抹在餅皮上，依序鋪上牛腱、蔥段、小黃瓜條，將餅捲起，再分切食用即可。

蒜泥白肉

材料：

豬里肌肉片 100 克、蒜末 1 大匙、辣椒末 2 小匙、香菜末 1 小匙

調味料：

醬油膏 1½ 大匙、香油 1/2 大匙、細砂糖 1/4 小匙、溫開水 1 大匙

做法：

1. 將細砂糖以溫水調開，再加入醬油膏、香油和蒜末、辣椒末、香菜末，拌勻成蒜泥醬。
2. 豬里肌肉片放入滾水中燙熟，撈出。
3. 豬里肌肉片放入盤中，淋上蒜泥醬即成。

Tips

傳統的蒜泥白肉大多是整塊的五花肉，要煮熟比較費時且不健康，我在這道配方中改以方便又較健康的里肌肉片、牛肉片替代。

宮保小卷

材料：

小卷 1 尾、紅甜椒 1/2 個、腰果 50 克、蒜仁 2 個、乾辣椒 8 段、青蔥 1 支

調味料：

米酒 1 小匙、醬油 1 大匙、白醋 1 小匙、水 1 大匙、太白粉水 1 小匙、香油 1 小匙

做法：

1. 小卷洗淨，去除內臟和墨囊，切成約2公分的小圈。
2. 甜椒切成約 2 公分寬的菱形。如果準備的是生腰果，必須先放入烤箱烤過或炸過。
3. 蒜仁切成片狀；青蔥切成段。
4. 鍋燒熱，倒入少許油，先放入蒜片爆香，續入乾辣椒、甜椒、小卷拌炒，再淋入米酒，最後加入其餘的調味料，再拌入腰果、蔥段即成。

Tips

宮保小卷可以換成其他如雞丁、花枝、蝦仁等材料皆可，調味料不變，能輕易變化出多道菜色。

Special!

拌麵拌飯拌菜都 OK 的萬用方便醬料

因為工作太忙碌來不及做菜，或者加班太晚回家只想來頓簡單的宵夜時，恨不得立刻就能吃到熱騰騰的料理。這時，若能充分利用「萬用方便醬」，立刻就能飽食一頓。以下介紹的醬料，都是可以一次準備一大碗存放在冰箱，隨時取用的方便醬料。此外，別忘了還能用來搭配各式燙青菜也很好吃喔！

蕃茄肉醬

材料：

牛絞肉和豬絞肉各 150 **克、洋蔥** 100 **克、大蒜** 20 **克、蘑菇** 60 **克、高湯** 200c.c.**、紅酒** 100c.c.**、蕃茄** 2 **個、蕃茄糊** 60 **克、橄欖油** 1 **大匙、義大利綜合香料** 1 **大匙、黑胡椒少許、鹽** 2 **大匙**

做法：

1. 蕃茄放入滾水中汆燙，撈出剝除外皮，切塊後放入果汁機中打成泥狀。洋蔥、大蒜和蘑菇都切成細末；高湯可用 200c.c. 的水加 1 小匙的雞粉調勻。
2. 鍋燒熱，倒入橄欖油，先放入洋蔥、大蒜和蘑菇炒，續入牛、豬絞肉翻炒至有香味，加入蕃茄泥、蕃茄糊、紅酒和高湯煮一下，再加入香料、黑胡椒和鹽，先以大火煮滾，再改小火燜煮至醬汁變濃稠即成。

紹子麵肉醬

材料：

豬絞肉或牛絞肉 200 **克、木耳** 40 **克、荸薺** 40 **克、蕃茄** 80 **克、蝦米** 10 **克**

調味料：

米酒 2 **大匙、醬油** 3 **大匙、高湯** 150c.c.**、豆瓣醬** 2 **大匙、胡椒粉適量**

做法：

1. 木耳、荸薺和蕃茄都切成末；蝦米泡水至軟；高湯的做法參照 p.68。
2. 鍋燒熱，倒入 2 大匙油，先放入木耳、荸薺和蕃茄炒香，續入絞肉、蝦米炒散且有香味，加入米酒、醬油、高湯和豆瓣醬煮一下，加入胡椒粉，以小火煮約 30 ～ 40 分鐘即成。

肉燥醬

材料：

絞肉 300 **克、大香菇** 1 **朵、大蒜** 1 **個、紅蔥頭** 3 **個、米酒** 150c.c.**、醬油膏** 150 **克、八角** 1 **粒、碎冰糖** 1/2 **小匙**

做法：

1. 香菇切小丁；大蒜和紅蔥頭切末。
2. 鍋燒熱，倒入 2 大匙油，先放入香菇、蒜末、紅蔥頭末炒香，續入絞肉炒散。
3. 倒入米酒、醬油膏、碎冰糖和八角，以小火煮約 40 ～ 50 分鐘即成。

明太子奶油醬

材料：

奶油 1/3 **大匙、明太子** 3 **大匙、檸檬汁** 2 **小匙、胡椒粉少許**

做法：

1. 將明太子的薄膜切開，取出明太子。
2. 奶油放在室溫下使其軟化，放入容器中，加入明太子、檸檬汁和胡椒粉拌勻即成。
3. 因明太子是海鮮食材，新鮮度很重要，建議只做單次的份量。

每到了夏天，炎熱的天氣總是讓人不知道要吃什麼才好？以下要介紹幾款可以搭配各式冷麵麵條食用的醬汁，酸辣香的口味，最能促進食慾。麵條可準備煮熟放涼了的油麵、細麵、烏龍麵等等，是最佳的中餐、早餐新選擇。

夏天消暑的冷麵醬汁

中華涼麵醬

材料：

醬油 2½ 大匙、白醋 2½ 大匙、胡麻油 ½ 小匙、細砂糖 ½ 大匙、紹興酒 1 大匙、高湯 40c.c.

做法：

高湯做法參照 p.68。將所有的食材混合拌勻，可搭配涼麵條，依個人喜好加入適量的辣椒末一起食用。

泰式酸辣醬汁

材料：

魚露 1 大匙、檸檬汁 1½ 大匙、細砂糖 1 大匙、香油少許、蔥末 ½ 大匙、蒜末 ½ 大匙、香菜末 ½ 大匙、辣椒末 ½ 大匙

做法：

將所有的食材混合拌勻，可搭配涼麵條食用，另外亦可搭配玉米片、蝦餅等一起享用。

芝麻醬醬汁

材料：

芝麻醬 2½ 大匙、烏醋 1 大匙、醬油 1½ 大匙、味醂 1 大匙、辣油少許、細砂糖 1 大匙（可少一點）、蒜泥少許、水 ½ 大匙

做法：

將所有的食材混合拌勻，可搭配各式涼麵條一起食用。

韓式冷麵醬汁

材料：

韓國辣醬 1½ 大匙、細砂糖 1 大匙、醬油 1 大匙、白醋 1 大匙、蒜泥少許、胡麻油 ½ 大匙

做法：

將所有的食材混合拌勻，可搭配各式冷麵條一起食用。

愈吃愈有味，做一鍋吃好多天

還記得小時候媽媽的菜，很多都是煮一大鍋，不僅方便全家人食用，而且媽媽還說愈吃到鍋底愈是精華所在，更是美味。對一個人住的人來說，一次煮太多常常吃不完丟棄，非常浪費。不過，某一些料理卻是煮一大鍋更方便，放在冰箱保存不會腐敗，想吃只要拿出來熱一下（甜湯可吃冰的）就好了。以下這幾道菜，就是這種大鍋料理喔！

白木耳薏仁蓮子湯

材料：

白木耳 150 **克**、**大薏仁** 300 **克**、**紅棗** 150 **克**、**蓮子** 150 **克**

調味料：冰糖適量

做法：

1. 白木耳泡水至軟發脹，去掉蒂頭後撕成小朵；大薏仁泡水 3 個小時。
2. 取一深湯鍋，將大薏仁、蓮子和紅棗放入鍋中，倒入約 1/2 鍋的水，先以大火煮滾，再轉小火燉煮，
3. 當小火燉煮約 1 個小時時放入白木耳。小火燉煮一共約 1 個半小時。
4. 加入適量冰糖調味即成。

八寶粥

材料：

紅豆 70 **克**、**蓮子** 50 **克**、**大薏仁** 50 **克**、**花生仁** 40 **克**、**白木耳** 20 **克**、**紅棗** 15 **個**、**桂圓肉** 30 **克**、**圓糯米** 30 **克**、**紫糯米** 30 **克**

調味料：二砂糖 180 **克**

做法：

1. 紅豆、蓮子、大薏仁和花生仁泡水約 3 個小時；白木耳泡水至軟發脹，去掉蒂頭後撕成小朵。
2. 將全部材料和 2,000c.c. 的水倒入電鍋內鍋中，外鍋倒入 1 杯水，煮至開關跳起後再燜約 10 分鐘。
3. 打開鍋蓋，外鍋再倒入 1½ 杯水，煮至開關跳起後再燜約 5 分鐘，加入二砂糖拌勻，蓋上鍋蓋再燜約 10 分鐘即成。

紅燒牛腩

材料：

牛腩600克、白蘿蔔1根、胡蘿蔔1根、薑4片、蒜末3小匙、蔥2支、月桂葉3片、桂皮1片

調味料：

醬油2½大匙、辣豆瓣醬1½大匙、米酒1大匙、鹽少許、雞粉少許

做法：

1. 牛腩切成塊狀，放入滾水中煮約1分鐘，撈出瀝乾水分。
2. 白蘿蔔、胡蘿蔔削除外皮後切成塊狀；蔥切斜段。
3. 取一個深的湯鍋燒熱，倒入1大匙油，放入薑片、蒜末和蔥段爆香，再加入月桂葉、桂皮和牛腩炒一下，倒入調味料炒香。
4. 倒入約1,200c.c.的水，先以大火煮滾，再轉小火慢慢煮1個半小時。烹調過程中，如果湯汁太少了，可稍加一些，但若太多，可多煮一下讓湯汁稍濃稠。

巴斯克風雞肉

材料：

雞肉600克、小蕃茄6個、胡蘿蔔1根、洋蔥1/2個、南瓜1/6個、整顆的罐頭蕃茄150克、高麗菜1/2顆、大蒜2個、蒜青1支、白酒少許、月桂葉1片、百里香少許、雞湯塊1個

調味料：

鹽少許、胡椒粉少許

做法：

1. 雞肉切成塊狀，放入滾水中汆燙一下取出瀝乾水分。小蕃茄切對半；胡蘿蔔、洋蔥和南瓜都切塊；大蒜去頭尾；蒜青切成段。
2. 取一湯鍋或砂鍋，倒入少許油，先放入洋蔥炒軟，續入胡蘿蔔、小蕃茄、高麗菜、大蒜、月桂葉和百里香，炒至蔬菜呈金黃色。
3. 倒入白酒煮，等白酒收乾後再倒入2,000c.c.的水、雞湯塊、罐頭蕃茄、雞肉和南瓜，以小火燉煮約30分鐘。
4. 加入鹽、胡椒粉調味，最後撒上蒜青即成。

Today's Menu

一個人好好吃

辛勤工作下班後更需要好好的犒賞自己的胃，這時最需要份量足夠的主食囉！麻婆豆腐蓋飯、牛丼飯、港式燒臘煲飯、沙茶羊肉炒麵、蕃茄肉丸義大利麵等，其中，更不乏可以招待偶爾來訪朋友的西班牙海鮮飯、炒年糕、紅油抄手等料理，讓你在家裡吃飽喝足。

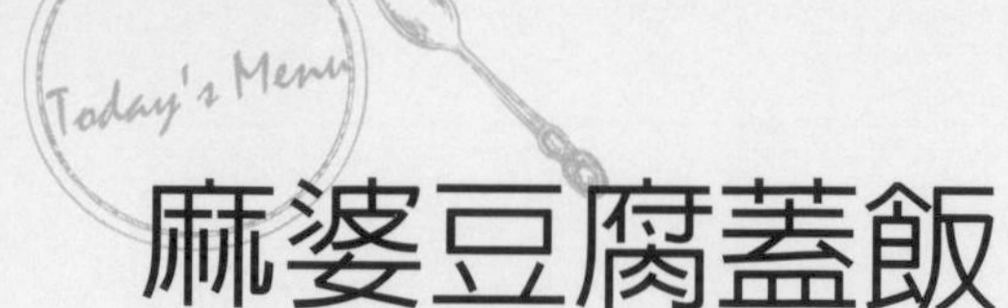

麻婆豆腐蓋飯

材料：

豆腐 1 盒、豬絞肉 100 克、蔥 2 支、蒜仁 2 個 、花椒末 2 小匙、太白粉水適量

調味料：

辣椒醬 2 大匙、鹽 1 小匙、細砂糖 2 小匙、醬油 1 小匙、水 200c.c.、香油少許

做法：

1. 豆腐切約 2 公分的正方形塊狀；蔥洗淨切蔥花；蒜仁切碎。
2. 鍋燒熱，倒入少許油，先放入蒜末、花椒末爆香，加入絞肉拌炒，續入調味料煮滾，再放入豆腐煮至湯汁略收，倒入太白粉水勾芡。
3. 起鍋前，拌入蔥花，淋上香油即成。

Tips

豆腐可選擇傳統板豆腐或嫩豆腐，烹煮前最好先汆燙或泡在熱開水中，除了可去除豆腥味，也可以縮短烹調的時間。

Tips

半熟蛋就是所謂的太陽蛋，將蛋打入加熱過的平底油鍋，只煎一面至蛋白熟而蛋黃呈半熟狀即可；也可單面略煎過，再將整個平底鍋移入烤箱，烤至蛋黃半熟即可。

Today's Menu

韓式拌飯

材料：

牛肉絲 60 克、洋蔥 1/4 個、黃豆芽 1/2 杯（約 30 克）、泡菜 1/2 杯（約 30 克）、菠菜 1 小把（約 60 克）、胡蘿蔔絲 1/2 杯、熟白芝麻 1 小匙、雞蛋 1 個、白飯 1 碗

醬料：

韓式辣醬 1 大匙、香油 1 大匙、蒜泥 1 小匙、細砂糖 1 小匙

做法：

1. 洋蔥、泡菜、胡蘿蔔都切成絲。
2. 鍋燒熱，倒入少許油，放入牛肉絲、洋蔥絲炒熟，取出。
3. 菠菜放入滾水中汆燙，立即撈出切成 5 ～ 6 公分的長段。
4. 蛋煎半熟後鋪在白飯上，再分別將其他食材排放在飯上。
5. 淋上調勻的醬汁，撒上熟的白芝麻即成。

Today's Menu

紅油抄手 & 酸辣餛飩湯

紅油抄手

材料：

豬絞肉 100 克、市售餛飩皮 20 張、米酒 1 小匙、水 1 大匙、香油 1/2 小匙

抄手醬：

辣油 1 大匙、醬油 1 大匙、烏醋 1/2 大匙、蠔油 1/2 大匙、蒜末 1 小匙、薑末 1 小匙、蔥花 1 大匙

做法：

1. 豬絞肉放入容器中，加入米酒、水和香油拌勻，攪拌至肉餡產生黏性。
2. 取一張餛飩皮，舀入 1 小匙（約 5 克）的肉餡，包成餛飩，約可包 20 顆。
3. 取 10 顆餛飩（另外 10 顆留著煮湯）放入滾水中煮至熟，立即撈出放入碗中，淋上調勻的抄手醬，撒上蔥花即成。

酸辣餛飩湯

材料：

生餛飩 10 顆、黑木耳半個手掌大、胡蘿蔔 1/2 根、金針菇 1 小把、豆腐 1/4 盒、水 2 杯、蔥花 1 大匙

調味料：

烏醋 1 大匙、醬油 1 小匙、白胡椒粉 1/8 小匙、太白粉水 1 大匙、香油 1/2 小匙

做法：

1. 黑木耳、胡蘿蔔都切成絲；豆腐切成小塊。
2. 將 2 杯水倒入小鍋中，加入木耳、胡蘿蔔、金針菇和豆腐煮滾。
3. 加入烏醋、醬油、白胡椒粉調味，淋上太白粉水勾芡，即成酸辣湯。
4. 取 10 顆餛飩放入滾水中煮至熟，立即撈出放入酸辣湯中，淋上香油。

Tips

1 大匙的太白粉水，可用 2 小匙的冷開水搭配 1 小匙的太白粉來調合。

Tips

製作豬骨高湯：準備2隻豬大骨、1,500c.c.的水。豬大骨用清水洗淨，放入滾水中汆燙去除血水，再用清水洗淨。然後將豬骨和1500c.c.的水一起煮滾，邊煮邊用濾網撈湯面的浮沫，再轉小火熬煮至湯色變濃，約需1個小時。取出豬大骨用篩網過濾湯汁，等湯汁涼了放入冰箱冷藏約1～2個小時，湯凝結後，刮除表面的油脂。

滷肉飯

材料：

五花絞肉400克（絞肉300克＋豬皮100克）、豬骨高湯600c.c.、油蔥酥4大匙、大蒜2顆、月桂葉1片、甘草1片、白飯適量

調味料：

（A）醬油3大匙、冰糖1/2大匙、辣椒粉少許、五香粉少許、白胡椒粉少許

（B）醬油膏1大匙

做法：

1. 鍋燒熱，倒入少許油，先放入五花絞肉炒至肉的顏色變白，續入調味料（A）炒香。
2. 將炒好的絞肉移至燉鍋中，倒入高湯燉煮約1個小時。
3. 加入油蔥酥、大蒜、月桂葉、甘草和調味料（B），繼續燉煮約15分鐘，即成滷肉料。
4. 白飯可搭配適量的滷肉料食用。

Today's Menu

咖哩牛腩飯

材料：

牛腩條 300 克、洋蔥 1/2 個、胡蘿蔔 1 根、馬鈴薯 2 個、水 4 杯、白飯適量

調味料：

市售咖哩塊 100 克

做法：

1. 牛腩條以熱水洗淨後切成 3 ～ 4 公分的塊狀；洋蔥、胡蘿蔔和馬鈴薯都切成大塊狀。
2. 將牛腩塊、洋蔥、水和一半的咖哩塊放入電鍋的內鍋，移進電鍋中，外鍋倒入 2 杯水，蓋上鍋蓋燉煮至電鍋開關跳起。
3. 將胡蘿蔔、馬鈴薯放入內鍋，外鍋再倒入 1 杯水，蓋上鍋蓋燉煮至電鍋開關跳起。
4. 最後放入剩下的咖哩，外鍋再倒入 1 杯水，蓋上鍋蓋燉煮至電鍋開關跳起，咖哩塊都融化即成。
5. 白飯可搭配適量的咖哩醬食用。

Tips

市售的咖哩塊種類很多，常見的是分成辣（辛）、中辣（中辛）和稍甜（甘）口味的，可依個人喜歡的口味加入。咖哩醬很實用，還可以用來拌麵，易做料理變化。

雞肉親子丼

材料：

去皮去骨雞腿肉 100 克、洋蔥 1/4 個、胡蘿蔔 1/4 根、新鮮香菇 2 朵、雞蛋 2 個、 白飯 1 碗

調味料：

水 100c.c.、**醬油 2 大匙、味醂 2 大匙、米酒 1 大匙**

做法：

1. 雞腿肉切成粗丁；洋蔥切絲；胡蘿蔔切長片；香菇切片；雞蛋打散。
2. 將所有調味料和洋蔥放入鍋中，煮至洋蔥軟化。
3. 加入胡蘿蔔、香菇，再加入雞肉煮至熟。
4. 以畫圓的方式淋上蛋液，當雞蛋半熟即可離火。
5. 白飯裝入碗中，將烹煮完成的醬汁、肉和料等淋在白飯上即成。

Tips

1. 傳統的雞肉親子丼多只有搭配洋蔥，為了讓一道料理就能吃到多樣食材，因此額外加入了胡蘿蔔和香菇。
2. 在日本料理中的「親子」，是指魚貝類和魚卵，或是雞肉和雞蛋做成的菜餚。而「丼」是指蓋飯，所以這道親子丼，是指雞肉蓋飯。

牛丼

材料：

牛肉片 100 **克**、**洋蔥** 1/2 **個**、
白飯 1 **碗**

調味料：
醬油 50c.c.、**米酒** 50c.c.、
味醂 50c.c.、**細砂糖** 1 **大匙**

做法：

1. 洋蔥切成條。
2. 將調味料的材料倒入小鍋中煮滾，加入洋蔥煮約 10 分鐘至軟。
3. 加入牛肉片煮至熟。
4. 裝一碗白飯，先撈出洋蔥鋪在白飯上，再放上牛肉片，最後淋上煮鍋中的醬汁即成。

Tips

牛丼所使用的肉片本是些碎薄肉片，所以看看自己家中冰箱有什麼就用什麼，或者以容易購買到的肉片即可！

Today's Menu

西班牙海鮮飯

材料：

甜椒 1/2 個、綠花椰菜 1/2 大朵、番紅花 1 小撮、洋蔥末 2 大匙、蒜末 1 小匙、文蛤 8 個、蝦子 8 尾、中卷 8 段、白米 1 杯（200 克）、雞骨高湯 2 杯（400c.c.）、綠橄欖 6 個

調味料：

白酒 2 大匙、鹽少許、黑胡椒少許

做法：

1. 番紅花放入高湯中泡，使其釋放出金黃色；甜椒切成塊狀；綠花椰菜分切成小朵。
2. 平底鍋加熱，倒入少許橄欖油，先放入洋蔥末、蒜末爆香，續入文蛤、蝦子和中卷拌炒，淋入白酒，待蝦子、中卷稍變色即可先盛出。
3. 接著加入白米拌炒吸收海鮮湯汁，再倒入高湯、綠橄欖、鹽和黑胡椒，待高湯煮滾後轉中小火加蓋再燜約 20 分鐘，過程中需留意如果湯汁過乾，可酌量加些高湯補充。
4. 當飯已經煮至 7 ～ 8 分熟（飯粒還有點米心），將甜椒、綠花椰菜、蝦子和中卷鋪在飯上，加入少許高湯再燜 5 ～ 10 分鐘，至飯全熟即成。

Tips

1. 如果沒有番紅花，可以薑黃粉代替，或是加入些蕃茄糊、蕃茄醬，就變化出一道蕃茄口味的海鮮飯。
2. 在做法 2. 時先取出部分海鮮，一方面海鮮不會過熟，也可讓海鮮飯更具賣相！
3. 如果覺得準備高湯很麻煩， 建議加入市售的雞粉，1 小匙雞粉加入 200c.c. 的水調和，讓清水變雞湯使用吧！
4. 製作雞骨高湯：準備 3 副雞胸骨和 1,500c.c. 的水。將雞胸骨用清水洗淨，放入滾水中汆燙去除血水，再用清水洗淨。然後將雞胸骨和 1500c.c. 的水一起煮滾，轉小火熬煮至雞胸骨可以用湯匙壓碎的程度，取出雞胸骨，用篩網過濾湯汁，等湯汁涼了放入冰箱冷藏約 1 ～ 2 個小時，湯凝結後，刮除表面的油脂。

Yummy !

Today's Menu

港式燒臘煲飯

材料：

山藥 1/6 個、綜合什菇 1 杯、臘腸 1 根、臘肉 1 小塊、白米 1 杯、水 1 杯（200c.c.）

調味料：

鹽少許

做法：

1. 山藥削除外皮後，切約 2 公分的粗丁；綜合什菇切片或切成塊狀。
2. 將洗過的米放入電鍋的內鍋，加入 200c.c. 的水和所有材料，移進電鍋中，外鍋倒入 1 杯的水，蓋上鍋蓋，按下開關開始煮。
3. 待飯煮熟，取出臘腸和臘肉先切片。
4. 將煲飯裝入碗中，再將臘腸、臘肉排放在飯上面即成。

Tips

這道煲飯本來只有臘腸、臘肉，特別再加入了其他多樣食材，立刻成了一頓豐富的主食，如果能再搭配一盤蔬菜就營養更豐富囉！

Tips

冰過的隔夜飯最適合用來製作炒飯，如果講究炒飯的飯粒要更分明，可另起油鍋先將白飯炒鬆，再和配料一塊拌炒即可！

Today's Menu

泰式鳳梨蝦仁炒飯

材料：

蝦仁8尾、洋蔥1/4個、紅、黃甜椒各1/4個、新鮮鳳梨1/4個（或罐頭鳳梨4片）、蒜末1小匙、大辣椒1支、冷飯1碗、蔥花2大匙、腰果10個

調味料：

蝦醬1小匙、魚露2大匙、細砂糖1/2小匙

做法：

1. 蝦仁洗淨後挑除腸泥；洋蔥、甜椒和鳳梨都切成塊狀；大辣椒切絲（喜愛辣味的人可以再加些小辣椒）。
2. 鍋燒熱，倒入2大匙的沙拉油，先放入蒜末、大辣椒、蝦醬和洋蔥炒香，續入蝦仁炒熟。
3. 依序再加入甜椒、鳳梨和白飯拌炒，最後加入蔥花、腰果拌炒均勻即成。

Today's Menu

泡菜辣年糕

材料：

韓國年糕 150 克、牛肉 1 大片（約手掌大）、水 3 杯、山藥 1/6 個、茭白筍 1 根、韓國泡菜 100 克、青蔥適量

調味料：

韓式辣醬 1½ 大匙、蕃茄醬 1 大匙、香油 1 大匙、泡菜汁少許、熟的白芝麻 1 小匙

做法：

1. 年糕先泡水；牛肉分切成 6 ～ 8 片；山藥切約 2 公分的粗丁；茭白筍切成片；青蔥切成長段。
2. 將除了牛肉片、青蔥、香油和白芝麻以外的所有材料，放入鍋中煮滾。
3. 待年糕煮軟後，加入牛肉片涮熟，擺上青蔥，淋上香油，最後撒上白芝麻即成。

Tips

年糕事先泡水使其軟化後，可縮短烹煮的時間，同時也讓年糕更容易吸收湯汁的精華鮮味。

Today's Menu

寧波炒年糕

材料：

寧波年糕 150 克、乾香菇 4 朵、蝦米 1 大匙、雞胸肉 100 克、大白菜 1/4 個、水 1 杯（200c.c.）、蔥花 2 大匙

醃肉料：

太白粉、水、米酒各少許

調味料：

醬油膏 1 大匙、鹽少許、香油 1/2 小匙

做法：

1. 年糕、香菇和蝦米分別都泡水；香菇泡軟後切成絲；雞胸肉切成條狀；大白菜切成絲。
2. 雞胸肉放入醃肉料中稍微醃一下。
3. 鍋燒熱，倒入少許油，放入雞胸肉炒熟後先盛出。
4. 利用剩餘的油爆香香菇、蝦米，加入大白菜拌炒，續入年糕拌炒，然後加入水、醬油膏和鹽，蓋上鍋蓋燜約 5 分鐘至年糕變軟，最後淋上香油，撒上蔥花即成。

Today's Menu

私房炸醬麵

材料：

豬絞肉 200 克、豆乾 6 片、洋蔥 1/4 個、辣椒 1 支、小黃瓜 1/4 根、乾麵條 100 克

調味料：

豆瓣醬 4 大匙、水 2 大匙、細砂糖 1 小匙

做法：

1. 豆乾、洋蔥都切成丁；辣椒切末；小黃瓜切條。
2. 鍋燒熱，倒入 1 大匙的沙拉油，先放入洋蔥、辣椒爆香，續入豬絞肉炒熟。
3. 接著加入調味料和豆乾，轉小火煮約 15 分鐘，即成炸醬。
4. 乾麵條放入滾水中煮軟，立即撈出，取適量放入碗中，加入炸醬和小黃瓜拌著麵一起食用即成。

Tips

1. 這款炸醬料非常美味且實用，可搭配寬麵、全麥麵、油麵、米粉之外，還能拌著燙青菜食用。
2. 想讓這碗麵營養更豐富嗎？建議你可以加入小黃瓜條、胡蘿蔔條一起享用。重口味的人，可以在調味料中加入些許辣油更夠味。

Tips

1. 沙茶醬濃厚的味道正好可以蓋過羊肉的騷味，當然也適合搭配豬、牛肉使用。
2. 綠色的尖椒富含維他命C，卻沒有一般辣椒的辛辣，口感介於青椒和辣椒間，買不到也可以用空心菜或芥蘭等蔬菜替代。

Today's Menu

沙茶羊肉炒麵

材料：

乾麵條 100g.、羊肉片 100g.、蒜仁 2 粒、紅辣椒 1 支、尖椒 8 支、米酒 1 大匙

醃肉料：

米酒、沙拉油、醬油、太白粉各少許

調味料：

沙茶醬 2 大匙、醬油 1 大匙、細砂糖 1 小匙、水 50c.c.、太白粉 1 小匙

做法：

1. 紅辣椒切斜段；蒜仁和尖椒切片。
2. 乾麵條放入滾水中煮軟，立即撈出泡冰水，待涼取出拌入少許香油。
3. 羊肉片加入醃料肉中稍微醃一下。
4. 鍋燒熱，倒入少許油，放入醃好的羊肉片拌炒，取出。
5. 鍋再次燒熱，先放入蒜仁爆香，續入紅辣椒、尖椒拌炒，淋上米酒，最後倒入調勻的調味料、羊肉片、麵條拌炒即成。

Today's Menu

蔬菜雞絲拌麵

材料：

雞胸肉 100 克、小黃瓜 1/2 根、胡蘿蔔 1/4 根、山藥 40 克、乾麵條 100 克、香油少許、鹽少許

調味料：

細砂糖 1 小匙、白醋 1 小匙、柴魚醬油 1 大匙、日式芥末 1/2 小匙、蒜末 1 小匙

做法：

1. 雞胸肉橫切成大片，放入滾水中煮 3 ～ 5 分鐘至熟，立即撈出泡冰水，待涼取出以手撕成細絲。
2. 小黃瓜、胡蘿蔔和山藥都切成細條。
3. 小黃瓜、胡蘿蔔以少許鹽略醃幾分鐘，再以冷開水沖去鹽分，瀝乾水分。
4. 乾麵條放入滾水中煮軟，立即撈出泡冰水，待涼取出拌入少許香油。
5. 將麵條放入碗中，依序擺上小黃瓜、胡蘿蔔、山藥和雞胸肉，最後淋上拌勻的調味料即成。

Tips

雞胸肉比較適合短時間的料理方式，例如：快炒、油炸、汆燙等，較不適合長時間烹調，會將肉質煮得又老又硬。烹調前，可先用 15:100 比例的米酒水來清洗雞胸肉，可去除腥味，再以適量的米酒、沙拉油和細砂糖醃一下即可。

Tips

1. 如何判別麵7～8分熟？當咀嚼麵條時，還可以感覺到麵條的中心仍有些許微硬的口感，或是目測麵條的橫切面，可看出麵條中心仍有細微的白色麵芯。

2. 煮義大利麵時，適合用深長型的煮鍋（特別是直長型的義大利麵），基本上煮1人份100克的麵條，可加入1,000c.c.的水，每增加100克的麵條再酌量加400～500c.c.的水，水量充足才能讓麵條有足夠的空間伸展，煮好更美味。

奶油蛋黃什菇義大利麵

材料：

筆管麵100克、綜合什菇1杯、洋蔥末2大匙、蒜末1小匙、鹽1小匙、沙拉油少許

調味料：

動物性鮮奶油100c.c.、煮麵水100c.c.、鹽適量、黑胡椒適量、蛋黃1個

做法：

1. 鍋中倒入水煮滾，放入筆管麵、1小匙的鹽和沙拉油，煮約10分鐘，當麵已有7～8分熟，立刻撈起。
2. 平底鍋燒熱，倒入1大匙的橄欖油，先放入洋蔥末、蒜末爆香，續入綜合什菇拌炒。
3. 接著加入鮮奶油、煮麵水和筆管麵拌炒至麵熟，加入鹽、黑胡椒調味，煮至醬汁略微收乾。
4. 起鍋前，加入蛋黃迅速拌勻即成。

Today's Menu

蕃茄肉丸義大利麵

材料：

義大利麵 100 克、**洋蔥末** 2 大匙、**大蒜末** 1 小匙、**紅醬** 1/2 杯、**煮麵水** 200c.c.、**肉丸** 6 個、**九層塔** 1 小把

紅醬：

蕃茄粒罐頭 200 克、**橄欖油** 1 大匙、**蒜末** 1 大匙、**義大利綜合香料** 1 小匙、**鹽適量**、**黑胡椒適量**

做法：

1. 製作紅醬：蕃茄粒切碎。鍋燒熱，倒入 1 大匙的橄欖油，先放入蒜末、義大利綜合香料爆香，續入蕃茄以小火熬煮 20 ～ 30 分鐘，加入少許鹽、胡椒調味，即成紅醬。
2. 鍋中倒入水煮滾，放入義大利麵、1 小匙的鹽和沙拉油，煮約 10 分鐘，當麵已有 7 ～ 8 分熟，立刻撈起。
3. 平底鍋燒熱，倒入 1 大匙的橄欖油，先放入洋蔥末、蒜末爆香，續入紅醬、煮麵水和肉丸，加入鹽、黑胡椒調味。
4. 接著加入義大利麵煮至醬汁略微收乾，起鍋前加入九層塔拌勻即成。

Tips

1. 肉丸的材料和做法，可以參照 p.32 的肉丸燒餅三明治中的肉丸。
2. 將麵條放入滾水前，可先加入水量 1% 的鹽和適量的橄欖油，鹽可增加麵條的 Q 彈性，並讓麵條有基本的鹹味，在之後料理時更能幫助醬汁入味，橄欖油可幫助麵條口感更滑潤。

看電視時的最佳點心、零食

一個人悠閒地在家看電視、影集和 DVD 時，若能一邊享用零食、一邊陶醉在劇情之中，真是難得的幸福時光。那看電視時最適合搭配哪些小零嘴呢？玉米片、小餅乾、爆米花這類直接用手，或者以牙籤、叉子拿取，不會讓手變得濕濕髒髒的食物是最好的喔！

核桃巧克力豆餅乾

材料：

奶油 85 **克**、**紅糖** 50 **克**、**全蛋液** 25 **克**、**低筋麵粉** 110 **克**、**巧克力豆** 15 **克**、**核桃** 10 **克**

做法：

1. 將奶油、紅糖倒入容器中拌勻，慢慢加入全蛋液拌勻。
2. 加入已過篩的低筋麵粉攪拌。
3. 加入巧克力豆和核桃混合拌勻成麵糰，將麵糰放入冰箱冰硬，取出擀平，切成一個個 4X5 公分的方形。
4. 將餅乾麵糰放入已預熱的烤箱，以 180℃烤約 15 分鐘即成。

Tips

成品量約 4×5 公分，可做 15 片，若想多做一點，材料加一倍即可。

醉雞

材料：

雞胸肉 1 **副或雞腿** 1 **隻**、**枸杞** 1 **小匙**、**當歸** 1 **片**、**蔥** 1 **支**、**嫩薑** 10 **克**

調味料：

冰糖 1/2 **小匙**、**紹興酒或米酒** 300c.c.、**冷開水** 100 c.c.、**鹽** 1 **小匙**

做法：

1. 雞胸肉或雞腿切成塊狀；蔥切成段；嫩薑切成片狀。
2. 鍋中加入水（水要超過食材），放入雞肉、蔥和嫩薑，將雞肉煮熟後撈出。
3. 鍋洗淨後加入 200 c.c. 的水、枸杞和當歸，煮約 5 分鐘後放涼，和調味料拌勻成調味汁。
4. 將雞肉放入調味汁中浸泡，放入冰箱冷藏 1 天至入味即成。

Tips

另一種更簡單的方法，是準備好熟的雞腿肉或雞胸肉，切成塊狀，直接放入調味料中，放入冰箱冷藏 1 天至入味即可食用。

玉米片佐芒果＆酪梨莎莎醬

芒果莎莎醬

材料：

芒果 1 個、蕃茄 2 個、洋蔥 1/2 個、蒜末 1 小匙、辣椒末 1 小匙、檸檬皮末 1 個、檸檬汁 1 個份量、薄荷葉末 1 大匙

調味料：

細砂糖少許、鹽少許

做法：

1. 蕃茄在蒂頭另一面劃一個十字，放入滾水中汆燙，撈出剝掉外皮，去掉籽，切成 0.5 公分的小丁。
2. 芒果剝除外皮，取下果肉後切成 0.5 公分的小丁；洋蔥也切 0.5 公分的小丁。
3. 將所有材料、調味料都混合均勻，可搭配玉米片食用。

酪梨莎莎醬

材料：

酪梨 1 大個（約 300 克）、蕃茄 1/2 個、洋蔥 1/2 個、檸檬皮末 1 個、檸檬汁 1 個份量、巴西里末 1 大匙、辣椒末 1 小匙

調味料：

鹽少許

做法：

1. 蕃茄在蒂頭另一面劃一個十字，放入滾水中汆燙，撈出剝掉外皮，去掉籽，切成 0.5 公分的小丁。
2. 酪梨剝除外皮，取下果肉後切成 0.5 公分的小丁；洋蔥也切 0.5 公分的小丁。
3. 將所有材料、調味料都混合均勻，可搭配玉米片食用。

時尚的法式鑄鐵鍋，幫你省力做好菜！

鑄鐵鍋暢銷於歐美，早已成為當地人不可缺的烹調工具。在台灣，這個價格甚貴的鍋具給人最大的印象包括了：顏色鮮豔美麗（也有沒有上搪瓷釉的，鍋身是黑色）、容量尺寸多，吸引了一大批愛好者。

這種鑄鐵鍋的特色，是傳熱均勻、保溫效果佳、耐高溫且實用，難怪有人說好的鍋具可以留作傳家之用。鑄鐵鍋適合製作燜、燉煮，甚至直接入烘烤的料理。通常 2 人或 1 人小家庭最建議的尺寸是容量 3.5qt.、22 公分的，但若想製作一鍋料理多天食用，不妨選購家庭號 4.5qt.、24 公分或者 5.5qt.、26 公分尺寸的。以下介紹三道料理，利用鑄鐵鍋製作更顯美味！

南歐蕃茄橄欖燉雞

材料：

牛蕃茄 2 個、棒棒雞腿 4 隻、橄欖油 1 大匙、奶油 1 大匙、蒜仁 4 粒、百里香 1/2 小匙、月桂葉 1 片、黑橄欖 12 粒、水 100c.c.

調味料：

白酒 4 大匙、鹽 1/4 小匙、黑胡椒少許

做法：

1. 牛蕃茄在蒂頭另一面劃一個十字，放入滾水中汆燙，撈出剝掉外皮，去掉籽，切成塊狀。
2. 橄欖油和奶油放入鍋中加熱，放入棒棒雞腿，煎至雞腿的表皮略微焦黃。
3. 倒入白酒、蒜仁、百里香、月桂葉、黑橄欖、水和牛蕃茄煮滾，轉小火蓋上鍋蓋燜約 15 分鐘，至湯汁稍微收乾即成。

Tips

鑄鐵鍋清洗時，可用溫水加入些許鹽輕輕洗即可。如果不小心燒焦，可倒入溫水泡至焦屑慢慢掉落（時間較長）。

麻辣鍋

材料：
鴨血 100 克、牛肉片 200 克、香菇 2 朵、金針菇 60 克、蝦子 4 尾、蛤蜊適量、高麗菜 1/2 顆、絲瓜 30 克、蒜苗 2 支、市售火鍋料 1 盒、市售麻辣鍋底 1 包

做法：
1. 鴨血、凍豆腐切成塊狀；絲瓜切成片；蒜苗切斜片。
2. 鴨血放入滾水中汆燙後取出。
3. 鍋中倒入麻辣鍋底煮滾，先放入凍豆腐煮透，續入蝦子、蛤蜊和高麗菜、火鍋料、絲瓜、火鍋料、菇類煮滾即可。

紅酒燉牛肉

材料：
牛腩 200 克、西洋芹 1 根、胡蘿蔔 1/2 根、馬鈴薯 2 小顆、橄欖油 1 大匙、奶油 1 大匙、麵粉 1/4 杯、紅酒 100c.c.、高湯 200 c.c.、洋菇 10 個、巴西里末 1 小匙、月桂葉 1 片

調味料：
鹽少許、黑胡椒少許

做法：
1. 牛腩肉切成塊狀，分別沾裹上麵粉；西洋芹切成塊狀；胡蘿蔔和馬鈴薯削除外皮後切成塊狀；高湯做法參照 p.68。
2. 橄欖油和奶油放入鍋中加熱，放入牛腩，煎至肉的表皮略微焦黃。
3. 倒入紅酒、高湯和其他食材，煮滾後轉小火蓋上鍋蓋燉約 40 分鐘，以鹽和胡椒調味即成。

Today's Menu

一個人享受吃

即使不是週休二日、特殊假期，你也可以好好享受一頓豐富的美食，中式和各國料理任你選擇。可以一個人慢慢享用的烤肉串、煎牛排、奶汁焗蔬、雙色海陸披薩；只為自己準備的一人壽喜燒、豆漿海鮮鍋等，把每一天都當成特別的美食日，讓一個人的餐桌更豐盛。

Today's Menu

香草烤馬鈴薯條＆蕃茄肉醬焗薯片

香草烤馬鈴薯條

材料：

馬鈴薯 1 大顆、新鮮香草 1 小把、橄欖油 1 大匙

調味料：

鹽、黑胡椒、紅椒粉各適量

做法：

1. 馬鈴薯削除外皮後洗淨，直接連皮切成瓣狀，泡於水中去除多餘的澱粉。
2. 將馬鈴薯條排在烤盤上，均勻地撒上香草末、調味料，再淋上橄欖油，放入已預熱的烤箱，以上下火 200℃烤約 20 分鐘，至馬鈴薯熟軟即成（亦可以小烤箱烤至熟）。

蕃茄肉醬焗薯片

材料：

馬鈴薯 1/2 顆、蒜末 1 小匙、洋蔥末 2 大匙、蕃茄肉醬 100 克

調味料：

奶油 1 小匙、牛奶 100c.c.、鹽少許、黑胡椒少許、起司粉 1 大匙

做法：

1. 馬鈴薯削除外皮後切成 0.5 公分的厚片，泡於水中去除多餘的澱粉。
2. 鍋燒熱，倒入奶油使其融化，先加入蒜末、洋蔥末炒香，續入馬鈴薯片拌炒，再加入牛奶煮滾後轉小火，煮至馬鈴薯變軟，以鹽、黑胡椒調味。
3. 將馬鈴薯片排在烤盅裡，加熱過的蕃茄肉醬填放在馬鈴薯片之間，淋上牛奶液，表面撒上起司粉，放入已預熱的烤箱，以上下火 220℃烤約 5 分鐘，至馬鈴薯表面上色即成。

Tips

1. 這裡使用的香草，無論是新鮮的迷迭香、百里香或巴西里都很適合，如果沒有新鮮香草，也可改用乾燥的。
2. 懶人蕃茄肉醬的做法，是將 100 克的絞肉炒熟，再加入 50 克的蕃茄醬、100 克的市售紅醬拌炒至入味上色就完成囉！如果只有其中一種醬也無妨，份量增加即可。

奶油鮪魚焗蘑菇＆醋漬什菇

奶油鮪魚焗蘑菇

材料：

蘑菇 6 大顆、罐頭鮪魚 2 大匙、美乃滋 1 大匙、洋蔥末 1 大匙、蒜末 1 小匙、起司絲 2 大匙

調味料：

奶油 1 小匙、牛奶 100c.c.、鹽少許、黑胡椒少許

做法：

1. 蘑菇梗取下切碎；鮪魚肉和美乃滋、少許的鹽、黑胡椒拌勻。
2. 鍋燒熱，倒入奶油使其融化，先加入蒜末、洋蔥末和蘑菇梗末炒香，續入去梗的蘑菇拌炒，加入牛奶煮滾後以鹽、胡椒調味。
3. 將蘑菇排在烤盅裡，鮪魚餡填放在蘑菇上，淋上牛奶液，表面鋪上起司絲，放入已預熱的烤箱，以上下火 220℃烤約 5 分鐘，至蘑菇表面上色即成。

醋漬什菇

材料：

綜合什菇 2 杯、新鮮香草 1 小把

調味料：

白酒醋 3 大匙、橄欖油 1 小匙、鹽、細砂糖和黑胡椒各少許

做法：

1. 將綜合什菇放入滾水中汆燙，立即撈出。
2. 白酒醋倒入小鍋中加熱，放入香草泡一下，再加入什菇。
3. 拌入橄欖油，最後加入適量鹽、細砂糖和黑胡椒調味即成。

Tips

綜合什菇像蘑菇、雪白菇、袖珍菇、洋菇等，只要喜歡吃都可以運用。

Tips

如果喜歡奶味重的話，可以動物性鮮奶油取代部分牛奶來製作奶油白醬。

奶汁焗蔬

材料：

綠花椰菜 1/2 大朵、新鮮香菇 2 朵、蘑菇 4 朵、甜椒 1/2 個、胡蘿蔔 1/6 根、起司絲適量

奶油白醬：

奶油 3 大匙、低筋麵粉 3 大匙、牛奶 400c.c.

調味料：

白酒 3 大匙、奶油白醬 3 大匙、鹽適量、黑胡椒適量

做法：

1. 綠花椰菜分切成小朵；香菇去梗；蘑菇切去底端；甜椒切成塊狀；胡蘿蔔切成條；然後將所有食材分別汆燙熟。
2. 製作奶油白醬：奶油倒入小鍋中加熱使其融化，加入麵粉炒成麵糊。將牛奶分次拌炒融入奶油糊中，即成奶油白醬。
3. 將白酒、奶油白醬倒入小鍋中加熱拌勻，加入適量的鹽、胡椒調味，放入汆燙過的食材拌勻。
4. 將拌勻的食材倒入烤盅裡，撒上起司絲，放入已預熱的烤箱，以上下火 200℃烤至食材表面呈金黃色即成。

Today's Menu

雙醬海陸披薩

材料：

市售披薩餅皮 2 塊

羅勒青醬：

蒜末 1 大匙、九層塔末 3 大匙、橄欖油 100c.c.、起司粉 1 大匙

餡料：

蕃茄紅醬適量、牛肉片 1 片（手掌大）、洋菇 3 ～ 4 個、洋蔥 1/4 個

羅勒青醬適量、蝦仁 10 尾、杏鮑菇 2 小支、披薩起司絲適量

調味料：

鹽、黑胡椒、橄欖油各適量

做法：

1. 洋蔥切絲；洋菇和杏鮑菇都切成片；蕃茄紅醬做法參照 p.52 和 79。
2. 製作羅勒青醬：將蒜末、九層塔末放入果汁機或食物調理機中攪打，邊打邊緩緩加入橄欖油至打成泥狀，拌入起司粉即成。
3. 將紅醬、青醬分別抹在披薩餅皮的各半邊。
4. 分別將牛肉片、洋菇片和蝦仁、杏鮑菇片鋪在紅醬、青醬餅皮上，均勻地撒上適量的鹽、黑胡椒，再鋪上洋蔥絲、起司絲，淋上些許橄欖油。
5. 放入已預熱的烤箱，以上下火 250℃烤約 15 ～ 20 分鐘即成。

Tips

一塊披薩餅皮上面抹上 2 種醬料和海鮮、肉類等餡料，是很豐盛的海陸披薩，也很適合朋友來訪時一起食用。

烤肉串

材料：

牛肉片 3 片（手掌大）、洋蔥 1/4 個、青蔥 2 支、韓式泡菜 2 大匙、雞胸肉 1 大塊、新鮮迷迭香 2 支、牛蕃茄 2 個

調味料：

（A）醬油 1 大匙、韓式辣醬 1 小匙、蕃茄醬 1 小匙、蒜泥 1 小匙、蜂蜜 1 小匙
（B）羅勒青醬 2 大匙、醬油 1 小匙、蜂蜜 1 小匙

做法：

1. 每片牛肉片再橫切成長條，放入容器中，倒入拌勻的調味料（A），放入冰箱醃至肉片入味。
2. 洋蔥切成絲；青蔥切成 5 公分的長段；雞胸肉、牛蕃茄都切成塊狀。
3. 分別將洋蔥絲、蔥段、泡菜捲在牛肉片中，再以竹籤串起。
4. 取適量已拌勻的調味料（B），均勻地塗抹在雞肉塊上，再以新鮮迷迭香串起雞肉塊。
5. 取一半牛蕃茄塊，拌入調味料（A），另一半則拌入調味料（B）。
6. 最後將所有食材放入已預熱的烤箱，以上下火 200℃烤約 15 分鐘，至肉已熟即成。

Tips

1. 家中沒有可調溫度的大烤箱也沒關係，只要將烤肉串等食材放入小烤箱中，邊烤邊觀察至肉都熟了即可。
2. 這道烤肉不僅適合自己食用，更是來訪客人的最愛菜色之一。也可放入鳳梨、洋蔥、甜椒等蔬果一起烤。
3. 羅勒青醬的做法參照 p.90。

Today's Menu

日式炸豬排

材料：

豬里肌肉 100 克、高麗菜適量、市售豬排沾醬

豬排裹粉：

低筋麵粉適量、雞蛋 1 個、麵包粉適量

調味料：

米酒、鹽、白胡椒粉各少許

做法：

1. 雞蛋打散；高麗菜切成細絲。
2. 將豬里肌切成兩片，以少許米酒塗抹肉片表面，再以廚房紙巾擦乾多餘水分。
3. 以刀背在肉片的兩面略敲，在肉片上均勻地撒上少許鹽、胡椒粉，放入冰箱靜置約 10 分鐘。
4. 將肉片依序沾上低筋麵粉、蛋液和麵包粉，靜置數分鐘，再輕抖未沾黏上的麵包粉。
5. 備一油鍋加熱至約 150℃，放入豬排，以中火炸至兩面都呈金黃色，撈出瀝乾油分。
6. 搭配高麗菜絲、豬排沾醬食用。

Tips

辨別油溫時，可試著將一塊蔥丟入油鍋中，如果會馬上出現一個大油泡泡，就可以放入豬排炸。這也是炸雞腿的最佳溫度。

照燒雞腿排

材料：

去骨雞腿 1 隻

照燒醬：

醬油 2 大匙、味醂 1½ 大匙、米酒 1½ 大匙、細砂糖 2 小匙

做法：

1. 鍋燒熱，倒入 1 大匙的沙拉油，放入雞腿，以中火煎至兩面都焦黃。
2. 將照燒醬的材料倒入鍋中，煮滾後再改以中小火煮到醬汁稍微收乾即成。
3. 將雞腿肉放入照燒醬鍋中兩面拌勻再煎一下即成。

Tips

照燒醬是日式風味的醬汁，將肉類或魚貝類充分塗抹好醬汁，烹調至表面充滿光潤色澤的料理，這裡還可以搭配肉塊、花枝、小卷和雞翅等食材。

菲力牛排

材料：
菲力牛排 200 克、沙拉油適量、乾燥迷迭香 1/4 小匙、黑胡椒粗粒適量、新鮮香菇 6 朵

醬汁：
橄欖油適量、奶油 1 大匙、紅酒 2 大匙、義大利巴薩米克醋 1 大匙、鹽少許、黑胡椒少許

做法：

1. 香菇切片。
2. 在牛排表面沾抹乾燥迷迭香，然後放在小碗中，加入黑胡椒粗粒，倒入橄欖油淹過牛排，蓋上保鮮膜置於冰箱冷藏一晚。
3. 平底鍋燒熱，倒入適量醃牛排的橄欖油，放入牛排，煎至兩面都呈深褐色，取出牛排，平底鍋先不要清洗。
4. 再將牛排放上烤盤，放入已預熱的烤箱，以上下火 200℃烤約 10 分鐘。
5. 利用平底鍋剩下的橄欖油炒香菇至微軟，加入紅酒、烏醋、少許鹽和黑胡椒，煮至湯汁收乾，趁熱拌入奶油，即成醬汁。
6. 將醬汁淋在牛排上，搭配些許蔬菜即可食用。

Tips

1. 菲力是牛身上最少運動到的一塊長腰內肉，肉質較嫩也較稀少，是煎牛排的首選，但價格較貴。加上油花比較少，很受許多女性的喜愛。另外常聽見的沙朗（肋眼），油花較均勻，適合燒烤或牛排。
2. 你知道嗎？牛排醬汁還可以用來炒飯、炒麵喔，有機會可以試試。

壽喜燒

材料：

火鍋肉片 150 克、洋蔥 1/3 個、青蔥 2 支、
薑末 1 小匙、蒜末 1 大匙

醬汁：

清酒（米酒）120c.c.、柴魚醬油 80c.c.、
細砂糖 1 大匙、香油 1 小匙、味醂 30c.c.、
水 200c.c.

做法：

1. 洋蔥切絲；蔥切成段。
2. 鍋燒熱，倒入少許油，先放入薑末、蒜末爆香，續入洋蔥、蔥拌炒至洋蔥變軟。
3. 將所有醬汁的材料倒入鍋中煮滾。
4. 將火鍋肉片放入鍋中煮熟即可食用。

Tips

1. 壽喜燒是日式的代表性料理，在鐵製的淺鍋內放入肉片和其他食材，再以濃郁口味的高湯煮成的鍋料理。
2. 如果覺得不夠飽，可以加入蒟蒻絲、香菇、豆腐一起食用。醬汁帶有甜味，不建議直接飲用。

焗烤奶油咖哩海鮮筆管麵

材料：
乾筆管麵 100 克、蝦仁 6 尾、小卷 6 段、淡菜 2 個、洋蔥末 2 大匙、蒜末 1 小匙、起司絲適量

調味料：
白酒 1 大匙、奶油白醬 100 克、煮麵水 200c.c.、咖哩粉 1 大匙、鹽少許、黑胡椒少許

做法：

1. 鍋中倒入適量的水煮滾，加入筆管麵、1 小匙的鹽和沙拉油，煮約 10 分鐘，至筆管麵 7 ～ 8 分熟，立刻撈起。
2. 平底鍋燒熱，倒入 1 大匙的橄欖油，先放入洋蔥、蒜末爆香，續入蝦仁、小卷和淡菜拌炒，淋上白酒。
3. 接著加入奶油白醬、煮麵水、咖哩粉和筆管麵拌炒，以鹽、黑胡椒調味，煮至醬汁略微收乾，整個倒入烤盅裡，鋪上起司絲。
4. 放入已預熱的烤箱中，以上下火 200℃，烤至表面呈金黃色即成。

Tips

奶油白醬做法參照p.89。

Tips

1. 選購鮭魚時，可用手指按壓鮭魚肉，如果手指按下魚肉會自動彈回，則表示新鮮。
2. 酸酸的檸檬搭配香氣四溢的奶油，是夏天一道受歡迎的主菜，搭配米飯也很入味。

Today's Menu

烤檸檬奶油鮭魚

材料：

鮭魚 200 克、洋蔥 1/4 個、橄欖油 1 大匙、巴西里末 1/2 大匙、檸檬 2 片、酸豆 1 小匙、奶油 1 大匙、白酒 1 大匙

調味料：

鹽少許、黑胡椒少許

做法：

1. 鮭魚洗淨擦乾水分；洋蔥切成細絲。
2. 準備 1 張錫箔紙，鋪上洋蔥，再將鮭魚放在中間。
3. 淋上橄欖油，撒上巴西里末，再擺上檸檬片、酸豆和奶油，最後淋上白酒，將錫箔紙包緊。
4. 放入已預熱的烤箱，以上下火 200℃ 烤約 20 分鐘，取出打開錫箔紙，均勻地撒上少許鹽、黑胡椒調味即成

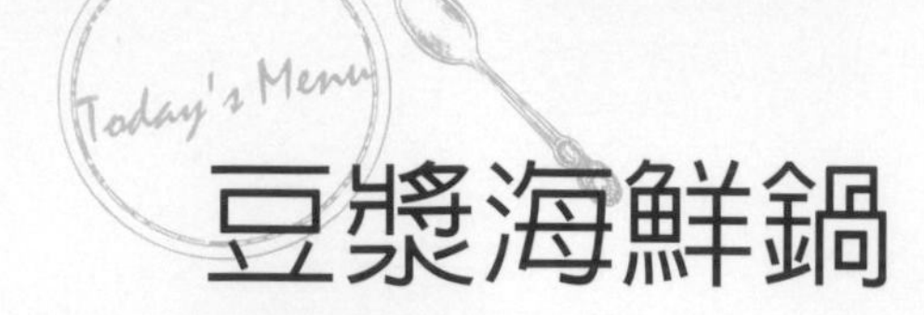

豆漿海鮮鍋

材料：

高麗菜 1/6 顆、洋蔥 1/4 個、胡蘿蔔 1/4 根、綠花椰菜 1/2 大朵、新鮮香菇 3 朵、豆腐 1/2 盒、鮮蝦 3 尾、扇貝 2 個、淡菜 2 個、小卷 1/3 隻

湯底：

市售無糖原味豆漿 1,000c.c.、**太白粉 2 小匙、水 4 小匙**

沾醬：

辣豆腐乳 1 小匙、柴魚醬油 1 小匙、花生粉 1 大匙、湯底 1 大匙

做法：

1. 所有火鍋料洗淨；洋蔥切瓣；胡蘿蔔切片：綠花椰菜分切成小朵；豆腐切塊，鮮蝦挑除腸泥；小卷切成約 1 公分寬的圓圈。
2. 製作湯底：將無糖原味豆漿倒入湯鍋中煮滾，加入混合均勻的太白粉水，以防止豆漿變成豆花。
3. 將處理好的食材全部放入湯底中煮滾。
4. 將所有沾醬的材料拌勻，搭配火鍋料一起食用。

Tips

這道豆漿海鮮鍋很少見，建議如果有朋友來訪，只要增加食材和湯底的份量，每個人都能大快朵頤。吃火鍋最大的好處，就是可以依照個人口味自由變換食材，只要新鮮，怎麼吃都好吃。

Yummy !

招待來訪朋友的小點心

偶爾朋友來訪的日子裡，也會想拿出幾道招牌甜點和鹹點來招待。由於已經知道朋友要來，最好是準備可以事先完成放在冰箱裡的冰涼點心，或者是餅乾等等，可在飯後或聊天時，拿出來一起品嘗。

水果奶酪

材料：

鮮奶 150c.c.、**鮮奶油** 150 **克**、**細砂糖** 5 **大匙**、**吉利丁片** 6 **克**、**香草精** 1 **滴**

果醬泥：

柳橙或草莓果肉 50 **克**、**水** 50 c.c.、**細砂糖** 1 **大匙**、**吉利丁片** 1 **克**

做法：

1. 製作果醬泥：吉利丁泡水軟化。將果肉、水和細砂糖放入鍋中拌勻，以小火煮滾，再續煮 3 分鐘後熄火，加入吉利丁攪拌至溶化，靜置使其完全冷卻，即成果醬泥。
2. 另外的吉利丁泡水軟化。
3. 將鮮奶、鮮奶油和細砂糖倒入鍋中拌勻，加熱至約 85℃，熄火後加入吉利丁攪拌至溶化，滴入香草精拌勻，即成奶酪液。
4. 準備 5 個布丁杯，倒入奶酪液至八分滿，蓋上蓋子，放入冰箱冷藏約 1 個小時至凝固。
5. 取出凝固的奶酪，加入果醬泥，蓋上蓋子，放入冰箱冷藏約 2 個小時即成。

香漬蕃茄

材料：

小紅蕃茄或小黃蕃茄 20 **個**、**迷迭香** 1/2 **小匙**

調味料：

橄欖油 2 **大匙**、**白酒醋** 1 **大匙**、**檸檬汁** 4 **小匙**

做法：

1. 將橄欖油和迷迭香均勻浸泡 3 個小時以上，加入白酒醋和檸檬汁攪勻。
2. 蕃茄去掉蒂頭後洗淨，擦乾水分。
3. 將蕃茄放入調好的汁液中，放入冰箱冷藏且不時去翻動一下，冰至蕃茄變得冰涼即成。

杏仁瓦片餅乾

材料：

低筋麵粉 80 **克**、**糖粉** 160 **克**、**杏仁片** 300 **克**、**全蛋液** 60 **克**、**蛋白** 100 **克**、**鹽** 1 **克**、**香草精** 1 **滴**、**奶油** 50 **克**

做法：

1. 麵粉和糖粉混合過篩；奶油隔水加熱至融化。
2. 將全蛋液和蛋白倒入盆中拌勻，加入混勻的麵粉和糖粉拌勻，加入杏仁片、香草精和奶油混合均勻成麵糊，包上保鮮膜放入冰箱冷藏約 1 個小時。
3. 取出麵糊，挖取適量麵糊倒入鋪有烤盤紙的烤盤上，以湯匙的背面攤開麵糊成厚度均一的圓片，每一片都弄好。
4. 烤盤放入已預熱的烤箱，以上下火 130℃先烤 20 分鐘，再將上火調成 160℃烤至杏仁瓦片的表面呈金黃色即成。
5. 有的時候杏仁瓦片的厚度也會影響到烘烤時間，不妨適時察看，以免烤焦或沒烤熟。

朱雀文化和你快樂品味生活

Cook50 系列

COOK50001 做西點最簡單／賴淑萍著 定價280元
COOK50002 西點麵包烘焙教室——乙丙級烘焙食品技術士考照專書／陳鴻霆、吳美珠著 定價480元
COOK50005 烤箱點心百分百／梁淑嫈著 定價320元COOK50007 愛戀香料菜——教你認識香料、用香料做菜／李櫻瑛著 定價280元
COOK50009 今天吃什麼——家常美食100道／梁淑嫈著 定價280元
COOK50010 好做又好吃的手工麵包——最受歡迎麵包大集合／陳智達著 定價320元
COOK50012 心凍小品百分百——果凍· 布丁（中英對照）／梁淑嫈著 定價280元
COOK50015 花枝家族——透抽、軟翅、魷魚、花枝、章魚、小卷大集合／邱筑婷著 定價280元
COOK50017 下飯ㄟ菜——讓你胃口大開的60道料理／邱筑婷著 定價280元
COOK50019 3分鐘減脂美容茶——65種調理養生良方／楊錦華著 定價280元
COOK50024 3分鐘美白塑身茶——65種優質調養良方／楊錦華著 定價280元
COOK50025 下酒ㄟ菜——60道好口味小菜／蔡萬利著 定價280元
COOK50028 絞肉の料理——玩出55道絞肉好風味／林美慧著 定價280元
COOK50029 電鍋菜最簡單——50道好吃又養生的電鍋佳餚／梁淑嫈著 定價280元
COOK50035 自然吃・健康補——60道省錢全家補菜單／林美慧著 定價280元
COOK50036 有機飲食的第一本書——70道新世紀保健食譜／陳秋香著 定價280元
COOK50037 靚補——60道美白瘦身、調經豐胸食譜／李家雄、郭月英著 定價280元
COOK50038 寶寶最愛吃的營養副食品（實用加強版）——4個月～2歲嬰幼兒食譜／王安琪著 定價280元
COOK50040 義大利麵食精華——從專業到家常的全方位祕笈／黎俞君著 定價300元
COOK50041 小朋友最愛喝的冰品飲料／梁淑嫈著 定價260元
COOK50042 開店寶典——147道創業必學經典飲料／蔣馥安著 定價350元
COOK50043 釀一瓶自己的酒——氣泡酒、水果酒、乾果酒／錢薇著 定價320元
COOK50044 燉補大全——超人氣· 最經典，吃補不求人／李阿樹著 定價280元
COOK50046 一條魚——1魚3吃72變／林美慧著 定價280元
COOK50047 蒟蒻纖瘦健康吃——高纖· 低卡· 最好做／齊美玲著 定價280元
COOK50049 訂做情人便當——愛情御便當的50X70種創意／林美慧著 定價280元
COOK50050 咖哩魔法書——日式・東南亞・印度・歐風＆美食・中式60選／徐招勝著 定價300元
COOK50053 吃不胖甜點——減糖・低脂・真輕盈／金一鳴著 定價280元
COOK50054 在家釀啤酒Brewers' Handbook——啤酒DIY和啤酒做菜／錢薇著 定價320元
COOK50055 一定要學會的100道菜——餐廳招牌菜在家自己做／蔡全成、李建錡著 特價199元
COOK50056 南洋料理100——最辛香酸辣的東南亞風味／趙柏淯著 定價300元
COOK50059 低卡也能飽——怎麼也吃不胖的飯、麵、小菜和點心／傅心梅審訂／蔡全成著 定價280元
COOK50061 小朋友最愛吃的點心——5分鐘簡單廚房，好做又好吃！／林美慧著 定價280元
COOK50062 吐司、披薩變變變——超簡單的創意點心大集合／夢幻料理長Ellson＆新手媽咪Grace著 定價280元
COOK50063 男人最愛的101道菜——超人氣夜市小吃在家自己做／蔡全成、李建錡著 特價199元
COOK50065 懶人也會做麵包——一下子就OK的超簡單點心！／梁淑嫈著 定價280元
COOK50066 愛吃重口味100——酸香嗆辣鹹，讚！／趙柏淯著 定價280元
COOK50067 咖啡新手的第一本書——從8～88歲，看圖就會煮咖啡／許逸淳著 特價199元
COOK50069 好想吃起司蛋糕——用市售起司做點心／金一鳴著 定價280元
COOK50073 蛋糕名師的私藏祕方——慕斯&餅乾&塔派&蛋糕＆巧克力&糖果／蔡捷中著 定價350元
COOK50074 不用模型做點心——超省錢、零失敗甜點入門／盧美玲著 定價280元
COOK50075 一定要學會的100碗麵——店家招牌麵在家自己做／蔡全成、羅惠琴著 特價199元
COOK50076 曾美子的黃金比例蛋糕——近700個超詳盡步驟圖，從基礎到進階的西點密笈／曾美子著 定價399元
COOK50078 趙柏淯的招牌飯料理——炒飯、炊飯、異國飯、燴飯＆粥／趙柏淯著 定價280元
COOK50079 意想不到的電鍋菜100——蒸、煮、炒、烤、滷、燉一鍋搞定／江豔鳳著 定價280元
COOK50080 趙柏淯的私房麵料理——炒麵、涼麵、湯麵、異國麵＆餅／趙柏淯著 定價280元
COOK50081 曾美子教你第一次做麵包——超簡單、最基礎、必成功／曾美子著 定價320元
COOK50083 一個人輕鬆補——3步驟搞定料理、靚湯、茶飲和甜點／蔡全成、鄭亞慧著 特價199元
COOK50084 烤箱新手的第一本書——飯、麵、菜與湯品統統搞定（中英對照）／王安琪著 定價280元
COOK50085 自己種菜最好吃——100種吃法輕鬆烹調＆15項蔬果快速收成／陳富順著 定價280元
COOK50086 100道簡單麵點馬上吃——利用不發酵麵糰和水調麵糊做麵食／江豔鳳著 定價280元
COOK50087 10×10＝100——怎樣都是最受歡迎的菜／蔡全成著 特價199元
COOK50088 喝對蔬果汁不生病——每天1杯，嚴選200道好喝的維他命／楊馥美編著 定價280元
COOK50089 一個人快煮——超神速做菜Book／張孜寧編著定價199元

台北市基隆路二段13-1號3樓

××

COOK50090 新手烘焙珍藏版——500張超詳細圖解零失敗＋150種材料器具全介紹／吳美珠著 定價350元
COOK50092 餅乾・果凍布丁・巧克力——西點新手的不失敗配方／吳美珠著 定價280元
COOK50093 網拍美食創業寶典——教你做網友最愛的下標的主食、小菜、甜點和醬料／洪嘉妤著 定價280元
COOK50094 這樣吃最省——省錢省時省能源做好菜／江豔鳳著 特價199元
COOK50095 這些大廚教我做的菜——理論廚師的實驗廚房／黃舒萱著 定價360元
COOK50096 跟著名廚從零開始學料理——專為新手量身定做的烹飪小百科／蔡全成著 定價299元
COOK50097 抗流感・免疫力蔬果汁——一天一杯，輕鬆改善體質、抵抗疾病／郭月英著 定價280元
COOK50098 我的第一本調酒書——從最受歡迎到最經典的雞尾酒，家裡就是Lounge Bar／李佳紋著 定價280元
COOK50099 不失敗西點教室經典珍藏版——600張圖解照片＋近200個成功秘訣，做點心絕對沒問題／王安琪著 定價320元
COOK50100 五星級名廚到我家——湯、開胃菜、沙拉、麵食、燉飯、主菜和甜點的料理密技／陶禮君著 定價320元
COOK50101 燉補110鍋——改造體質，提升免疫力／郭月英著 定價300元
COOK50104 萬能小烤箱料理——蒸、煮、炒、煎、烤，什麼都能做！／江豔鳳、王安琪著 定價280元
COOK50105 一定要學會的沙拉和醬汁118——55道沙拉 ×63道醬汁（中英對照）／金一鳴著 定價300元
COOK50106 新手做義大利麵、焗烤——最簡單、百變的義式料理／洪嘉妤著 定價280元
COOK50107 法式烘焙時尚甜點——經典VS.主廚的獨家更好吃配方／郭建昌著 定價350元
COOK50108 咖啡館style三明治——13家韓國超人氣咖啡館＋45種熱銷三明治+30種三明治基本款／熊津編輯部著 定價350元
COOK50109 最想學會的外國菜——全世界美食一次學透透（中英對照）／洪白陽著 定價350元
COOK50110 Carol不藏私料理廚房——新手也能變大廚的90堂必修課／胡涓涓著 定價360元
COOK50111 來塊餅【加餅不加價】——發麵燙麵異國點心／趙柏淯著 定價300元
COOK50112 第一次做中式麵點——中點新手的不失敗配方／吳美珠著 定價280元
COOK50113 0~6歲嬰幼兒營養副食品和主食——130道食譜和150個育兒手札、貼心叮嚀／王安琪著 定價360元
COOK50114 初學者的法式時尚甜點——經典VS.主廚的更好吃配方和點心裝飾／郭建昌著 定價350元
COOK50115 第一次做蛋糕和麵包——最詳盡的1,000個步驟圖，讓新手一定成功的130道手作點心／李亮知著 定價360元
COOK50116 咖啡館style早午餐——10家韓國超人氣咖啡館＋57份人氣餐點／麗思編輯部曾莉婷 定價350元
COOK50117 一個人好好吃——每一天都能盡情享受！的料理 ／蓋雅magus著 定價280元

TASTER系列 吃吃看流行飲品

TASTER001 冰砂大全——112道最流行的冰砂／蔣馥安著 特價199元
TASTER003 清瘦蔬果汁——112道變瘦變漂亮的果汁／蔣馥安著 特價169元
TASTER005 瘦身美人茶——90道超強效減脂茶／洪依蘭著 定價199元
TASTER008 上班族精力茶——減壓調養、增加活力的嚴選好茶／楊錦華著 特價199元
TASTER009 纖瘦醋——瘦身健康醋DIY／徐因著 特價199元
TASTER011 1杯咖啡——經典＆流行配方、沖煮器具教學和拉花技巧／美好生活實踐小組編著 定價220元
TASTER012 1杯紅茶——經典＆流行配方、世界紅茶&茶器介紹／美好生活實踐小組編著 定價220元

QUICK系列 快手廚房

QUICK002 10分鐘家常快炒——簡單、經濟、方便菜100道／林美慧著 特價199元
QUICK003 美人粥—— 纖瘦、美顏、優質粥品65道／林美慧著 定價230元
QUICK004 美人的蕃茄廚房——料理・點心・果汁・面膜DIY／王安琪著 特價169元
QUICK006 CHEESE!起司蛋糕——輕鬆做乳酪點心和抹醬／賴淑芬及日出大地工作團隊著 定價230元
QUICK007 懶人鍋——快手鍋、流行鍋、家常鍋、養生鍋70道／林美慧著 特價199元
QUICK009 瘦身沙拉——怎麼吃也不怕胖的沙拉和瘦身食物／郭玉芳著 定價199元
QUICK010 來我家吃飯——懶人宴客廚房／林美慧著 定價199元
QUICK011 懶人焗烤——好做又好吃的異國烤箱料理／王申長著 定價199元
QUICK012 懶人飯——最受歡迎的炊飯、炒飯、異國風味飯70道／林美慧著 定價199元
QUICK013 超簡單醋物・小菜——清淡、低卡、開胃／蔡全成著 定價230元
QUICK015 5分鐘涼麵・涼拌菜——低卡開胃纖瘦吃／趙柏淯／著 定價199元
QUICK017 小菜・涼拌・醬汁113——林美慧老師拿手菜／林美慧著 特價199元

Cook 50117

一個人好好吃

每一天都能盡情享受！的料理

作　　者　蓋雅 *Magus*
攝　　影　林宗億
美術設計　鄭寧寧
編　　輯　彭文怡
校　　對　連玉瑩
行　　銷　洪伃青
企劃統籌　李橘
總 編 輯　莫少閒
出 版 者　朱雀文化事業有限公司
地　　址　台北市基隆路二段 13-1 號 3 樓
電　　話　02-2345-3868
傳　　真　02-2345-3828
劃撥帳號　19234566 朱雀文化事業有限公司
e-mail　redbook@ms26.hinet.net
網　　址　http://redbook.com.tw
總 經 銷　成陽出版股份有限公司
ISBN　978-986-6029-02-8
初版一刷　2011.10
定價　280 元

國家圖書館出版品預行編目

一個人好好吃——每一天都能盡情享受！的料理／蓋雅Magus 著.
－初版.－ 台北市：朱雀文化，2011.10
面；公分，（Cook 50117）
ISBN978-686-6029-02-8（平裝）
1.食譜
427.1　　100017232

出版登記北市業字第1403號

About買書：

●朱雀文化圖書在北中南各書店及誠品、金石堂、何嘉仁等連鎖書店均有販售，如欲購買本公司圖書，建議你直接詢問書店店員。如果書店已售完，請撥本公司經銷商北中南區服務專線洽詢。北區（03）271-7085、中區（04）2291-4115和南區（07）349-7445。

●●至朱雀文化網站購書（http:// redbook.com.tw），可享85折。

●●●至郵局劃撥（戶名：朱雀文化事業有限公司，帳號：19234566），
掛號寄書不加郵資，4本以下無折扣，5～9本95折，10本以上9折優惠。

●●●●親自至朱雀文化買書可享9折優惠。